再版说明

本书于2015年4月出版发行后受到读者的关注，为了适应现行法律、法规，满足市场的需求，出版社决定再版，作者在此表示衷心的感谢。值得注意的是，《中华人民共和国专利法》（以下简称《专利法》）已于2020年10月17日进行了第四次修正，第四次修正案于2021年6月1日起施行；国家知识产权局在2017年2月28日、2019年9月23日、2019年12月31日和2020年12月11日，分别以国家知识产权局第74号局令及第328号、第343号、第391号局公告的形式，公布了《关于修改〈专利审查指南〉的决定》。这些决定分别于2017年4月1日、2019年11月1日、2020年2月1日和2021年1月15日施行。为此，本书作者希望借此书再版的机会提醒读者对《专利审查指南》历次相关修改内容予以高度重视。

其中，2017年对“涉及计算机程序的发明专利申请”有关权利要求的撰写方式进行了重大的修改。多年来，我国对“主要或者部分在于计算机流程的改进”的发明申请，只允许撰写成方法权利要求，导致申请人的权利不能得到符合《专利法》立法宗旨的合理保护。根据《专利审查指南》的修改精神，申请人在申请此类发明专利时，除了可以撰写方法权利要求之外，还可以要求保护以该方法限定的装置权利要求及以该方法限定的计算机可读介质的权利要求。这种撰写方法与本书在第三章对“光盘数据再生装置中转轴马达的速度控制方法”案例分析中所介绍的美国等国家早已普遍接受的撰写方式相同。由此可见，《专利审查指南》的修改使得我国在涉及计算机程序发明申请的权利要求撰写方式以及所隐含的保护范围已与国际接轨；更重要的是，除了使申请人的权利得到最充分的保护之外，此次修改还使在我国已经成为支撑互联网、电子商务、大数据等新兴产业支柱的计算机软件在技术和市场上毫不逊色地进入国际竞争的行列。

总之，历次《专利审查指南》的修改将使我国在各技术领域中，更进一步地对发明创造和推动科学技术的发展起到不可估量的作用。

另外，本次再版新增加“第五章　其他相关思考”持续补充作者近年对本书中涉及“放弃”（disclaimer）、功能性权利要求、权利要求的重要性有关问题的思考，以供读者参考。

黄　敏

2023年5月

专利申请文件撰写指导丛书

发明专利申请文件的审查与撰写要点

第二版

黄 敏／著

知识产权出版社
全国百佳图书出版单位
—— 北京 ——

图书在版编目（CIP）数据

发明专利申请文件的审查与撰写要点/黄敏著. —2 版. —北京：知识产权出版社，2023.8

ISBN 978-7-5130-8822-0

Ⅰ.①发…　Ⅱ.①黄…　Ⅲ.①专利申请—文件—写作　Ⅳ.①G306.3

中国国家版本馆 CIP 数据核字（2023）第 151762 号

内容提要

本书是作者 30 年专利审查及代理工作经验的心得与总结，言简意赅，句句干货：一方面，用通俗易懂的语言将各类艰涩枯燥的专业术语解释得简洁直白；另一方面，通过一系列典型案例对说明书、权利要求书、意见陈述书的撰写规范进行“庖丁解牛”式的解析，让读者在了解基本概念的基础上步步深入，为成功获得专利授权奠定扎实的基础。

读者对象：科技工作者及专利实务工作者，特别是专利代理师、发明人、企业研发及知识产权部门管理人员、高校师生、科研机构相关从业人员以及知识产权领域相关工作人员。

责任编辑：卢海鹰　王玉茂　　**责任校对：**潘凤越
执行编辑：房　曦　　**责任印制：**刘译文
封面设计：棋　锋

专利申请文件撰写指导丛书
发明专利申请文件的审查与撰写要点（第二版）
黄　敏　著

出版发行：知识产权出版社有限责任公司　　**网　　址：**http：//www.ipph.cn
社　　址：北京市海淀区气象路 50 号院　　**邮　　编：**100081
责编电话：010-82000860 转 8541　　**责编邮箱：**wangyumao@cnipr.com
发行电话：010-82000860 转 8101/8102　　**发行传真：**010-82000893/82005070/82000270
印　　刷：三河市国英印务有限公司　　**经　　销：**新华书店、各大网上书店及相关专业书店
开　　本：720mm×1000mm　1/16　　**印　　张：**13
版　　次：2023 年 8 月第 2 版　　**印　　次：**2023 年 8 月第 1 次印刷
字　　数：175 千字　　**定　　价：**80.00 元

ISBN 978-7-5130-8822-0

作者简介

黄敏，研究员。

1935 年出生。1958 年毕业于南京工学院（现东南大学）无线电系。

1980 年由中国科学院电子学研究所调入中国专利局（现国家知识产权局）任审查员，1995 年退休。其间曾任电学部电子元器件室室主任并且作为第 1 版《审查指南》编写小组主要成员之一，完成了第 1 版《审查指南》的编写。

1996～2007 年先后在北京市柳沈律师事务所、中原信达知识产权代理有限责任公司从事专利代理以及培训专利代理人的工作；并且作为司法鉴定人，参与了多件专利侵权诉讼案及专利无效诉讼案的司法鉴定工作。

1985 年起在《中国专利报》《中国发明》《专利代理》《中国专利与商标》等杂志上发表过多篇文章，并于 1997 年出版《专利申请文件的撰写和审查要点》一书，2015 年出版《发明专利申请文件的审查与撰写要点》，《发明专利申请文件的审查与撰写要点》于 2023 年经本人修订补充再版。

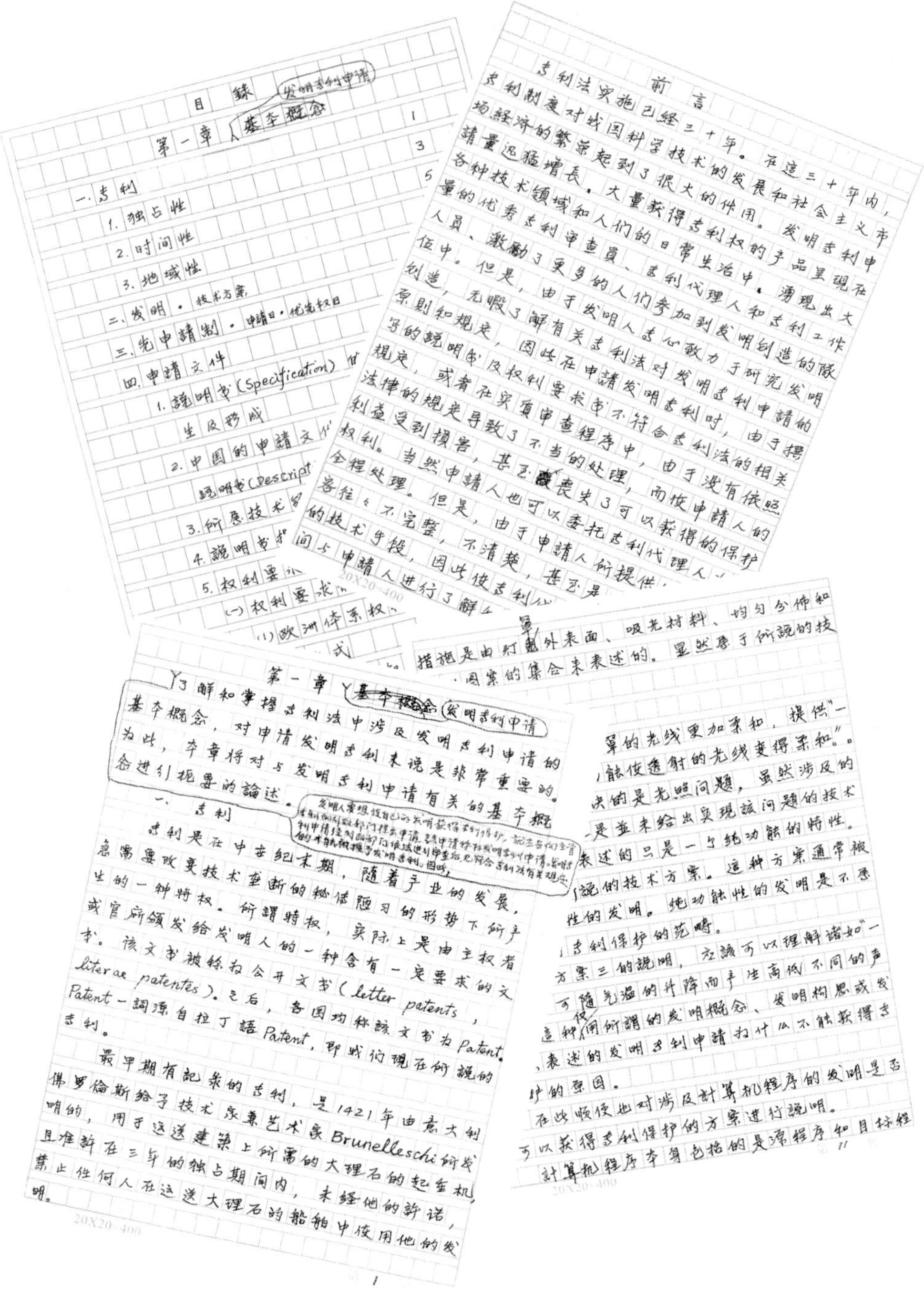

作者手稿样

“学”与“实”之间

（第一版代序）

一段时间以来，这本看似不厚，却有着相当“分量”的书稿《发明专利申请文件的审查与撰写要点》一直端放在我的案头。繁忙之余，每每翻阅，脑海中总是会回想起与黄敏老师初识、一起讨论问题的点点滴滴。

虽然我在国家知识产权局（原中国专利局）已经工作了二十多年，但在黄敏老师面前，却是名副其实的“小字辈”。1989 年大学毕业初入中国专利局时，我在化学部任审查员，而黄敏老师在电学部担任室主任、高级审查员、中国第一版《审查指南》编写小组的成员，在日常工作中我们能够进行业务交流的机会不多。当时，专利局设有不同线路的班车，许多不同部门的同事每天同乘一辆班车，由陌生变为熟悉，班车也渐渐变成了大家业务探讨的移动“论坛”。在“论坛”中我渐渐跟黄老师熟识。我们的话题不仅有对具体审查业务的讨论与分析，还包括对第一版《审查指南》内容的探讨与争论。在业务交流之外，黄老师还对我的个人成长给予了很多的指导和帮助，令我至今仍受益匪浅。

黄敏老师十分热爱专利事业，在刻苦钻研专利审查业务的同时，笔耕不辍，撰写了大量具有较高学术价值和实践指导性的论文。其治学态度严谨，学术视野开阔，德高望重，是专利审查领域令人尊敬的老前辈，为中国专利事业的发展作出了突出贡献。即便是退休后从事专利代理工作，黄老师仍保持着“论坛”习惯，经常在全国各地宣传普及专利知识，将其多年的专利审查和代理工作的丰富经验倾囊相授。

《发明专利申请文件的审查与撰写要点》一书即为黄敏老师总结30年的专利审查及代理工作经验，将专利理论与专利审查及代理实践充分结合的“锦囊”。这份“锦囊”言简意赅、句句干货，凝聚着一位老专家对中国专利事业的思考与贡献。其“学”在于黄敏老师深入浅出，对发明专利申请的基本概念溯源求本、娓娓道来，将各类艰涩枯燥的专业术语解释得简洁直白、通俗易懂；其“实”在于黄敏老师擅于解剖“麻雀”，通过一系列典型案例对说明书、权利要求书、意见陈述书的撰写规范进行条分缕析的讲解，犹如庖丁解牛、步步深入，引导读者将基本理论与发明创造技术方法逐步落实、反映到专利申请的具体实践中，为成功获得专利授权奠定扎实的基础。“学”与“实”之间，黄老师信手拈来、举重若轻，这份功力特别值得我个人学习，值得我们大家学习。

17年前，黄敏老师在知识产权出版社（专利文献出版社）曾出版过《专利申请文件的撰写与审查要点》一书，后于2002年又出版了修订版。此书一经推出，多次重印，得到了广大专利申请人、专利代理人[1]的广泛赞誉，也成为我社多年来的专业常销书。而今，当这本新热的《发明专利申请文件的审查与撰写要点》呈现在我面前时，我对八十岁高龄的黄敏老师更加敬佩，同时也深刻地认识到正是有黄敏老师这样老一辈专利人的不断探索、实践与总结，才让我们能制作出更多更好的知识产权图书，为中国知识产权事业添砖加瓦。我为能够在知识产权的“学”与“实”之间架起传播之桥而感到自豪，为能够为黄敏老师的新作出版尽一份力而感到骄傲。

是为序。

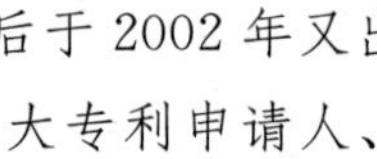

2015年春

---

[1] 2018年9月6日国务院第23次常务会议修订通过的《专利代理条例》中将“专利代理人”改称为“专利代理师”。——编辑注

第一版前言

《中华人民共和国专利法》已经实施30年了，在这30年里，专利制度对我国科学技术的发展和社会主义市场经济的繁荣起到了很大的作用。发明专利申请量增长迅猛，2014年的发明专利申请已达92.8万件，大量获得专利权的产品呈现在各种技术领域和人们的日常生活中，大量优秀的专利审查员、专利代理人和专利工作者不断涌现，发明创造的队伍也在不断扩大。但是，由于发明人专心致力于发明创造，无暇了解有关专利制度对发明专利申请的原则和规定，因此在申请发明专利时，常常因为撰写的说明书及权利要求书不符合《专利法》的相关规定，或者在进入实质审查程序后，没有依照法律的规定操作导致了不当的处理，申请人的利益受到了损害，甚至丧失了可以获得保护的权利。当然，申请人也可以委托专利代理人为其全面处理申请事宜。但是，由于申请人所提供的发明内容往往不完整、不清楚，甚至是缺少发明的技术手段，专利代理人不得不花费时间与申请人进行沟通和切磋，有可能因沟通过程不畅而延误了最佳的申请时间，从而影响了申请人的利益。

为此，本书作者希望通过对发明专利申请文件的审查与撰写的解读，使申请人能够掌握《专利法》有关发明专利申请过程中的基本原则和规定，以提高发明专利申请的说明书和权利要求书撰写的质量以及对实质审查程序中产生的各种问题处理的能力，争取加快实质审查的进程，以便使所申请的发明及时获得专利权。

本书适合发明人、企业知识产权部门的管理人员以及大学学生和研究机构的相关从业人员研读，借此培养、提高广大发明专利申请人独立处理专利申请实务的能力。相信潜心研究的读者必然会感觉到本书对其求学、研发与本职工作所产生的助益。

在此，感谢白光清先生（原任国家知识产权局专利复审委员会副主任、知识产权出版社社长，现任国家知识产权局专利局专利审查协作北京中心主任）为本书撰写序，感谢刘国伟先生（北京律和信知识产权代理事务所副所长、专利代理人）对撰写本书的支持以及将本书的手写稿转换为电子稿所做的大量工作。

由于作者水平有限，书中难免存在缺点和错误，期待读者予以指正。

黄　敏

2015 年 3 月于北京

目　录

第一章 基本概念及审查要点

发明人要想使自己的发明获得专利保护，就应当向主管专利的行政部门提出申请，该申请称为发明专利申请。发明专利申请经专利行政部门依法进行审查后，只有符合专利法有关规定的才能被授予发明专利。因此，了解和掌握专利法中涉及发明专利申请的基本概念，对申请发明专利来说是非常重要的。为此，本章将对与发明专利申请有关的基本概念进行扼要的论述。

一、专 利

中世纪末期，产业发展急需要改变技术垄断的秘传陋习，专利是在这一形势下产生的一种特权。所谓特权，实际上是由主权者或官方颁发给发明人的一种含有一定要求的文书。该文书被称为公开文书（letter patents，literal patents）。之后，各国均称该文书为专利（patent）。Patent 一词源于拉丁语 Litterae Patentes，也即我们现在所说的"专利"。

最早有记录的专利，是 1421 年由意大利佛罗伦萨授予技术家兼艺术家布鲁内莱斯基（Brunelleschi）的。这项发明是用于运送建筑上所需的大理石的一种起重机，且准许在三年的独占期间内，未经他的许诺，禁止任何人在运送大理石的船舶中使用他的这项发明。

最古老的专利法，是 1474 年 3 月 19 日由意大利威尼斯的元老院所制定的，被称为“威尼斯专利法”。该法实施的意图在于对该市中，任何人产生出本国不曾有的、能够实施使用的新颖创造的技术，且向自治体长官事务所提出申报的，就对该技术给予 10 年的期间，以在本国中禁止他人使用或模仿该技术，或使用类似之物。凡欲使用该技术的人，必须获得该技术申报人的同意。倘无该人的授权，不容许有所述技术的实施行为。同时还规定这些技术必须先证明具有有用性，并要详细叙述该发明如何实施，且还要经过六个月至一年期间的实验，才许可给予专利。伽利略曾于 1594 年获得威尼斯共和国所颁发的有关汲水系统的专利。

据说，威尼斯的专利制度是由意大利的玻璃工匠移民到欧洲各国时，将其传入其他国家的。因此，在十五六世纪之后，德国、荷兰、比利时、英国及美国相继实施了专利制度，并制定了各自国家的专利法。如何准确地对专利进行定义，是人们关注的问题。目前为人们较为普遍接受的一种说法是：“专利是由政府机关或者代表若干国家的地区性机构根据申请所颁发的一种文件，这种文件记载了发明创造的内容，并且在一定的时间期限内产生这样一种法律状况，即，获得专利的发明在一般情况下只有经专利权人的许可才能予以实施。”根据这一说法，人们不难看出，专利具有排他性、时间性和地域性。

1. 排他性

专利制度实施的初衷，是要求发明人在请求授予专利时，必须充分公开其发明内容，以使公众了解该发明是如何实现的。同时，为了保护专利权人的合法利益，鼓励发明创造，专利法也规定发明人享有独占权，即，任何人未经专利权人许可，都不得实施其专利，也就是不得为生产经营的目的制造、使用、许诺销售、销售、进口其专利产品，或者使用其专利方法以及使用、许诺销售、销售、进口依照该专利方法直接获得的产品。显然，发明的充分公开和发明的独占权是专利制度实施的基础。所以，有人说“专利制度是使发明人将其发明公开作为代价，以获得其在一定期间内对其发明享有独占权”，不是没有道理的。

公开发明与授予独占权反映了公众利益与申请人利益之间的关系。当这种关系处于和谐状态时，就能起到推动发明创造的应用、提高创新的能力、促进科学技术进步和经济社会发展的作用。公众利益与申请人利益之间关系的调整，是通过专利审查机关的公开、公平和公正执法以及专利权人通过侵权诉讼和公众通过无效诉讼来保证的。

表面上看，独占权似乎意味着除法律另有规定的以外，专利权人对其发明具有绝对的独立自主权。然而实际上是不能一概而论的。[1] 对于开拓性发明所获得的专利（通常称为基本专利或基础专利，俗称“母专利”），以及对于在现有技术基础上，进行创造性改进的发明所获得的专利，专利权人确实具有一定的自主权。但是，对于在他人的专利基础上进行的改进、组合或成型所获得的发明专利，专利权人虽然拥有自己的专利权，但要实施其专利，必须首先得到该被保护的基础专利的专利权人的许可，否则就会构成侵犯他人专利权的行为。

在此，顺便提一下，具有基本专利的专利权人，就相当于拥有了一笔巨大的财富。因为这样的发明，开创了一个全新的技术领域，从而会启发人们以该发明专利为基础，创造出许多的改进发明。当这些改进性的发明要实施时，必须与该基本专利的专利权人签订专利许可合同，否则将导致侵权。专利权人由此获得一定的利益。另外，基本专利的技术含量高，市场需求大，因此专利权人可能会将其保护期限维持到法定保护的最终日期，从而也就能够得到更多的经济效益。所以，一家企业如果能持续不断地创造出几件基本专利

---

[1] 中国《专利法》第五十六条的规定，直接体现了专利权具有排他权的属性，而不是独占性的属性。

的话，那么这家企业的发展前途将是非常可观的。

2. 时间性

专利权人具有独占权并非是无限期的。《专利法》明确规定“发明专利权的期限为二十年”，同时还规定了“专利权人应当自被授予专利权的当年开始缴纳年费”，“没有按照规定缴纳年费的，专利权在期限届满前终止”。每年的年费并不相同，随着年限的增长而递增。❶

众所周知，专利是与市场经济密切相关的。有些发明专利由于科技含量不高，市场前景不佳，而年费相对于该发明专利的经济效益来说则是一笔相当昂贵的支出，专利权人不得不在该专利未达到二十年的期限之前就以不再缴纳年费而放弃他所拥有的专利权，从而使他的这项发明专利过早进入公有领域，成为公众可以随意使用的现有技术。

3. 地域性

专利制度的立法原则虽然已被各国或各地区公认且采纳，但是，各国或各地区依然根据本国或本地区的具体情况独立地制定自己国家或地区的专利法。各国或各地区按照各自的专利法决定对发明申请的技术方案是否授予专利权。而且，各国或各地区也只对它们各自授予专利权的发明给予保护。例如，一件发明专利申请只在中国获得专利权，那么该发明在其他国家或地区是得不到保护的。如果要使该发明在其他国家或地区，如美国、日本或欧洲也得到专利保护，就应当向这些国家和地区分别递交专利申请，以在这些国家和地区分别获得专利权。由国家主管机关授予的专利权称为“国家专利”，由地区（例如欧洲专利局）主管机关授予的专利权称为“地区专

❶ 目前有关年费的标准见国家知识产权局第 75 号公告，年费是按照期限的不同区间来缴纳，不同的区间有不同的缴费标准。

利”。因此，迄今为止，并不存在所谓的“国际专利”。但是“国际申请”确实是存在的。这种申请是根据《专利合作条约》（*Patent Cooperation Treaty*，PCT）的规定提出的专利申请，也称为“PCT 申请”。

国际申请在递交时可以指定各个缔约国或地区，即所说的指定国。在申请之后，将由国际检索单位提供检索报告。如果请求了国际初步审查，则由国际初审单位提供国际初审报告。国际申请自申请日起 30 个月内就可以进入从指定国中所选定的国家，即，申请人根据申请时所指定的国家重新选择的国家，称为选定国。当然，在进入各选定国时，必须按照各国专利法的规定办理进入手续并缴纳相应的费用。[1]

国际检索报告及国际初审报告对所有选定国来说并无任何约束力。但是，国际检索报告及国际初审报告对申请人来说，则可作为是否要进入选定国或进入哪些选定国的重要参考依据，以免浪费不必要的人力和资源。至于国际申请进入各选定国后，是否能够获得专利权，则完全是由各选定国依照其本国的专利法决定的。所以，国际申请最终获得的专利依然是国家专利或地区专利。

顺便说明，中国专利局（现为国家知识产权局专利局）从 1994 年 1 月 1 日起，成为 PCT 国际局授权的国际申请受理局、国际检索单位和国际初审单位的国家局。

二、发明——技术方案

什么是能够获得专利的发明？

美国专利法规定：“任何人发明或者发现任何新的或有用的方法、机器、产品或组合物，或者它们的任何新的或有用的改进，符

[1] 根据 PCT 的规定，PCT 申请一经受理，就自动地指定了所有成员国，在 30 个月内，可自由选择申请人想要进入的国家或地区，因此，之前的“指定国”和“选定国”的概念差别已经被淡化了。

合该主题的条件和要求的就可以获得专利。”

日本专利法规定：“本法中所谓的发明是指具有高度的利用自然法则的技术思想的创造。”

中国《专利法》规定：“发明，是指对产品、方法或者其改进所提出的新的技术方案。”

从上述所定义的字面看，似乎专利保护的发明互不相同。但是，实质上各国专利保护的都是有关产业领域中新的产品或者方法。然而由于专利是采用文件的形式体现的，因此，新的产品或者方法要获得专利保护，就必须将其记载于专利文件中，而不是直接提交实际的产品或者进行方法演示。为此，各国的专利申请文件中都是将所要保护的产品或者方法采用技术方案进行记载。所以，可以获得专利保护的发明是利用自然法则创造的产品、方法或者对其改进所提出的新的技术方案。

“新的技术方案”中所说的“新的”标准将在之后的授权条件中说明，下面着重说明什么是技术方案。

何谓“技术方案”？一种比较广义的说法是“为了实现技术的目的和技术的效果，所采用的技术手段”。更具体的说法是“为了解决技术问题，所采取的技术措施的集合。技术措施通常是由技术特征来体现的”。

众所周知，产品的技术特征与方法的技术特征是完全不相同的。产品是由其结构特征来表示的，所以，产品的技术方案是由静态的技术特征的集合来表述的；方法是由按时间顺序或者前后顺序的步骤来表示的，所以，方法的技术方案是由动态的技术特征的集合来表示的。

下面通过简单的例子，进一步说明什么是技术方案。

方案一

为了使灯罩的表面更加美观，提供一种灯罩，其外表面具有色彩鲜艳的图案。

分析：该方案解决的是美学问题，采取的是美术措施，显然不属于技术方案。

方案二

为了使通过灯罩的光线变的柔和，提供一种灯罩，其外表面具有由吸光材料均匀分布的条状图案。

分析：该方案解决的是光照的技术问题，采取的措施是由灯罩外表面、吸光材料、均匀分布和条状图案的集合来表述的，显然属于所说的技术方案。

方案三

为了使通过灯罩的光线更加柔和，提供一种灯罩，其外表面能使透射的光线变得柔和。

分析：该方案要解决的是光照问题，显然涉及的是技术问题。但是并未给出实现该问题的技术措施或手段，表述的只是一个纯功能的特性，所以不符合所说的技术方案的要求。这种方案通常被称作纯功能性的发明。纯功能性的发明是不属于可以获得专利保护的范畴的。

根据方案三的说明，应该可以理解诸如“一种风铃，可随气温的升降而产生高低不同的声音”的这种仅用所谓的发明概念、发明构思或发明效果表述的发明专利申请为什么不能获得专利保护的原因。

在此顺便也对涉及计算机程序的发明是否是可以获得专利保护的方案进行分析。

计算机程序本身包括源程序和目标程序。虽然它们是为了能够得到某种结果而可以由计算机等具有信息处理能力的装置执行的代码化指令程序，或者可被自动转换成代码化指令程序的符号化指令序列或者符号化语句序列，但是，它们本身体现的却仅仅是一些代码、符号、算法或数学计算规则的集合。所以，计算机程序本身不属于可以获得专利保护的发明。通常是将计算机程序本身归于智力活动或者属于数学运算的范畴。

计算机程序与具有信息处理能力的装置（以下简称“计算机”）相结合，能使计算机按规定的指令运行。该运行的过程可以采用步骤的特征，以方法的形式表述。然而这样形成的方法并非都属于专利保护的范畴。如果所编程序仅仅是利用计算机的功能来代替人工，实现某些数据的计算，或者是某种事物的处理或统计，那么所体现的方法并未解决任何技术问题，也未产生任何技术上的效果，显然不是专利法所说的技术方案。如果计算机程序通过计算机的运行能够实现工业控制过程，使计算机内部运行性能改善，进行测量或测试过程的控制或者用于外部数据的处理，那么所体现的方法不仅解决的是技术问题，而且产生了技术效果。显然，涉及这样的计算机程序的发明属于可以获得专利保护的技术方案。

从上述分析中，可以看出，计算机程序与计算机结合进行的运作过程虽然可以采用方法来表述，但是，该方法是否能够获得专利保护，关键点在于该方法解决的是否是技术问题，是否具有技术效果。

下面通过案例进行说明。

案例 1-1：一种计算机辅助电子元件线路连接的方法

本案详见国家知识产权局专利复审委员会[1]对申请日为 2003 年 12 月 17 日，申请号为 200310123768.X，名称为“计算机辅助电子元件线路连接的方法”的发明专利申请作出的第 16085 号复审请求

[1] 根据 2018 年 11 月国家知识产权局机构改革方案，“专利复审委员会”更名为“专利局复审和无效审理部”。——编辑注

审查决定。

本申请所要解决的技术问题是“避免产品开发时的线路连接错误，且同时减少产品设计所需的时间”。

权利要求1：一种计算机辅助电子元件线路连接的方法，包括系列步骤：

依据一信号线命名规则，建立一电子元件规格数据库；

自该电子元件规则数据库，撷取一个以上的第一电子元件，以产生一第一电子元件列表，以供选取该第一电子元件；

依据选取的该第一电子元件，自该电子元件规格数据库查找对应的一个以上的第二电子元件；

提供一第二电子元件列表，以供选取该第二电子元件；以及

进行该第一电子元件与该第二电子元件的线路连接操作。

分析：该方法的实质是工程师在预先将两个经判断需要连接元件的接脚编上相同名称的基础上，将该两个名称相同的接脚相连接，以避免在对电子元件的接脚进行连接时的人工出错问题，所以该方法解决的不是技术问题；该方法虽然利用了计算机，但是，仅仅是利用了计算机处理速度快、不易出错的特性来代替人工，因此并未产生任何技术性的效果，所以权利要求1不属于专利保护的方法。

案例1-2：一种控制橡胶模压成型工艺的方法

本申请涉及一种利用计算机程序对橡胶模压成型工艺进行控制的方法，该计算机程序可以精确、实时地控制该成型工艺中的橡胶硫化时间，克服了现有技术的橡胶模压成型工艺过程中经常出现的过硫化和欠硫化的缺陷，使橡胶产品的质量大为提高。

权利要求1：一种使用计算机程序控制橡胶模压工艺的方法，其特征在于包括以下步骤：

通过温度传感器对橡胶硫化温度进行采样；

响应所述硫化温度，计算橡胶制品在硫化过程中的正硫化时间；

判断所述正硫化时间是否达到规定的正硫化时间；

当所述正硫化时间达到规定的正硫化时间时即发出终止硫化信号。

分析：该方法是为了防止橡胶的过硫化或欠硫化，解决的是技术问题，反映的是根据橡胶硫化原理对橡胶硫化时间进行精确、实时的控制，利用的是遵循自然规律的技术手段。由于精确实时地控制了硫化时间，橡胶产品的质量大为提高，所以获得的是技术效果。因此该方法是属于专利保护的范畴的。

三、在先申请、申请日、优先权日

发明并非自动就能获得专利保护，而是要向主管专利的行政部门提出申请，专利行政部门依照专利法的有关规定进行审查后，才能决定是否授予专利权。

随着科学技术的发展及市场经济的繁荣，许多亟待解决的技术问题层出不穷，从而促使人们积极进行研究和创造发明。结果往往会在同一时期内出现符合授予专利权标准的两件以上同样发明的专利申请。但是，由于专利具有独占性，一项发明只能授予一项专利权，所以禁止重复授权也是实施专利制度的基本原则之一。因此，对于所出现的符合授予专利权标准的两件以上同样发明的专利申请应当如何授权，以保证“一发明一专利”原则的实施，就必须有明确的法律规定。

国际上有两种解决的方式。一种是所谓的先发明制，即谁先发明，专利权就授予谁；另一种则是以提出专利申请时间的先后为准，即谁先提出申请，专利权就授予谁，也就是所谓的先申请制。前一种方式判断起来比较复杂，而后一种方式则比较容易确定。

当前，绝大多数国家，包括中国在内都实行的是先申请制。中国《专利法》第九条第二款规定："两个以上的申请人分别就同样的发明创造申请专利的，专利权授予最先申请的人。"美国曾一直实行的是先发明制，不过，美国专利法经过最新修改，已从 2013 年 3 月 16 日起实行先申请制，规定新颖性的判断以专利申请日为基准，而不是专利技术的发明日。具体来说，如果被要求保护的发明已经在申请日之前被别人申请了专利或已公开发表、使用出售，那么被要求保护的发明就不具备新颖性。但是美国的先申请制与其他国家不同。它给予发明人一年的宽限期，允许发明人在申请专利之前一年内公开披露其发明而不认为破坏新颖性。

先申请制以申请的时间先后为依据。如何确定时间先后的标准至关重要。

中国《专利法》第二十八条规定："国务院专利行政部门收到专利申请文件之日为申请日。如果申请文件是邮寄的，以寄出的邮戳日为申请日。"显然，申请日作为判断发明专利申请时间前后的依据是非常公正的。其他国家也是这样规定的。

申请日对于发明专利申请，乃至据此授予的专利权来说，非常重要。而且许多法定期限的起算日以及判断发明专利申请是否具有法律规定的新颖性和创造性的时间标准，也都是以申请日为依据的。因此，申请人要使自己研究的新成果获得专利保护，就应当尽早提交专利申请，以获得有利于自己的申请日。

另外，一件发明专利申请的首次申请日，在 12 个月内，还可以作为具有相同主题的在后发明专利申请的优先权日。

优先权日是根据优先权原则产生的。

优先权原则源自 1883 年签订的《保护工业产权巴黎公约》，以体现该公约中关于等同国民待遇的原则。具体地说，就是当一项发明在本国申请专利之后，申请人想要在其他一些国家对该发明也获得专利保护时，就需要有一定的时间来准备翻译申请文件和办理申请手续。因此，向这些外国提交该发明专利申请的实际申请日肯定要晚于该发明专利申请在本国的申请日。而大多数国家的专利法都是采用先申请原则，并且对发明专利申请的新颖性和创造性的判断时间也都是以在各自国家提交专利申请的申请日为标准，这就使相同主题的发明，由于在外国的申请日迟后于其在本国的申请日，而有可能在外国丧失本应该获得的专利权。为此，《保护工业产权巴黎公约》规定，在本国的首次专利申请日之后 12 个月内，将该相同主题的发明向其他缔约国提出专利申请时，缔约国应当将该发明在其本国的申请日作为判断新颖性和创造性的时间标准，以使得缔约国之间的国民能公平地享有先申请原则的权利。这就是所说的外国优先权。由此所述发明在其本国首次提出专利申请的申请日就被称为“优先权日”。

许多国家为了使在本国首次提出专利申请的人，在本国内也能享有优先权的待遇，从而规定了本国优先权。中国《专利法》也对本国优先权作了规定，申请人自发明在中国第一次提出专利申请之日起 12 个月内，又向国务院专利行政部门就相同主题提出申请的，可以享有优先权。

本国优先权一般是为了增加可以合并申请的发明。例如首次申请要求保护的是一种产品，之后在 12 个月内，再次提交该相同主题的发明专利申请，同时还增加了制造该产品的方法，此时，所要求保护的产品可以享有优先权，而要求保护的方法，则不能享有优先权。因此，对该方法是否具备新颖性和创造性，则是以再次提交的专利申请的申请日为依据。

享有优先权的发明专利申请必须是相同主题的发明。相同主题的发明是指技术领域、所解决的技术问题、技术方案和预期的技术效果相同的发明。当然这并不意味着在文字记载或叙述方式上完全一致。特别应当注意的是，相同主题的发明是对一个完整的技术方案而言的，并非指某个技术特征。例如，在本国的首次发明专利申请中只公开含有 c 特征的 a 技术方案和含有 d 特征的 b 技术方案，之后 12 个月内向某外国提交一件发明专利申请，要求保护该首次发明专利申请中的 a 技术方案及 b 技术方案，同时还要求保护由 c 特征和 d 特征组合而成的 X 技术方案。然而根据优先权的原则，在某外国的发明专利申请中只有所说的 a 技术方案和 b 技术方案可以享有优先权，而 X 技术方案尽管涉及首次专利申请中提到的 c 特征和 d 特征，但在该首次申请中并未公开 c 特征和 d 特征组合形成的技术方案 X，故 X 技术方案不能享有优先权。也就是说，对 X 技术方案来说，仍以向外国提交专利申请的实际申请日作为判断其是否具备新颖性和创造性的依据。

享有外国优先权的发明专利申请，与其首次专利申请是否被撤回、驳回或授权无关；而享有本国优先权的发明专利申请，只能享有一次优先权。在中国，一旦再次就相同主题的发明提出了专利申请，且要求了优先权时，则该发明的首次专利申请即被视为撤回。因此，申请人在中国要求享有本国优先权时，应当慎重考虑。

四、申请文件

各国专利法对申请发明专利时，所需提交的申请文件都有各自的具体规定。但是，其中对说明书（specification，以下用 S 表示）的要求则是相同的，即都要求“说明书应当清楚、完整、充分地公开发明，使本领域技术人员能够实施，并且应当支持所要求保护的发明”的原则。各国之间对说明书的要求如此共识的原因可以通过专利制度的产生和发展得到解释。

（一）说明书（S）的产生及形成

专利制度的产生就是要求将申请保护的发明充分公开，以启发人们创造出更多的发明。但是，最初实施时，并未规定说明书应当将所要求保护的发明进行详细解说，而是要求在申请后 6 个月至 1

年的期间内，通过实验证明才可以授予专利。所以，在 1712 年有记录的案件中，申请时所提交的说明书只有二三行的文字记载，而与其后授予专利证书上记载的对发明的说明是完全不同的。一直到 1800 年左右，逐渐形成了在授予专利权后的 6 个月内，应当提出能够起到以下 3 个作用的说明书，这就是：能够显示发明的存在；能够教导公众实施发明的方法；能够明确与专利标题一致的发明范围。

由于产业的发展和技术的复杂性增强，容易与公知技术明显区别开的开拓性发明逐渐被大量的改进性发明所代替，泛泛记载发明内容的说明书无法反映出哪些部分是公知技术，哪些部分是新创造的内容，导致公众与法院在判断什么是实际的发明时，产生了极大的困难。因此，一些国家的专利法就对申请时所提交的说明书中，关于新、旧区别要件的解释提出了严格的要求。例如，1813 年 10 月，美国法院针对制造羊毛梳毛机改进发明所授予的专利进行再审时，指出“该专利说明书中记载的是羊毛梳毛机的整体装置，而实际上该发明仅仅是有关梳毛机中某个部分的改进，可是该专利说明书的记载却是过分广泛，并未记载有关该改进部分的内容，因此，授予的专利明显是针对羊毛梳毛机整体装置的。所以所授予的专利应当无效。”此后，大约在同一期间，也出现了几件与羊毛梳毛机判决类似案件的再判决。这些判决的结论皆为“本件专利因包含了装置整体，由于过分广泛，故应属无效”。这说明此时，许多发明专利申请的说明书并未清楚地说明具体发明的是什么。在 1817 年，美国法院通过案例的再判决，进一步对说明书中发明内容的记载给出了更加严格的意见，这些意见是“说明书应当将新的东西和旧的东西进行区别说明。这样才能够知道针对什么给予专利”。倘若说明书所记载的内容，将新颖事项与公知事项混在一起，使要求保护的对象不明确的话，则该专利应为无效。专利应当仅授予新颖且有用的发明。若没有明确地说明有关发明的构成，那么想要判断究竟该对什么给予专利是不可能的。同时，公众想要知道是否存在侵权行为也很困难。专利权人不可以独占使用已经公知的机械。假如有此情况，则该专利必定比所申请的专利保护范围更大，故该专利应属无效。因此，此时通过法院的建议，使说明书的记载内容向进一步具体化的要求发展。

1818 年美国法院在 *Evans v. Eaton* 案的判决中指出“对于机械的改进要求专利保护时，应当有义务将改进之所在表示出来”。该判决作为具有重大影响的典型，经常被引用。当该案件于 1822 年上诉到美国联邦最高法院时，法院对有关新旧技术区别的条件又给出了更严格、更明确的说明，这就是“说明书有两个目的：第一，使人知悉机械的构造方式，以便使该行业者能够制作和使用，从而将发明的利益带给公众；第二，使公众知道所要求保护的发明是什么。说明书应该将发明与公知事物作区别。对于改进发明的说明书，只要将改进了何处、其构成为何、发明所涵盖的范围为何，均加以说明的话，便已足够。但是若将新旧事项混合在一起，仅说明装置的整体，而并未说明属于发明改进的性质与界限的话，便不够充分。”

上述所引证的判例和法院所给出的解释充分说明说明书应当清楚、完整地充分公开发明，使公众能够实施该发明，并使公众明确所保护的发明是什么。但是，此时还没有规定说明书中应当将所要求保护的范围作为一个独立的部分记载。

然而，由于产业的发展和技术多样化的结果，法院或者公众无法根据说明书的叙述来判断是否存在侵权行为。有时法院或者公众所得出的判断结果甚至与申请人所要求保护的范围存在一定差距。因此，在美国和英国，申请人为了保证自身的权利，开始在说明书中，根据所公开的发明记载，明确使用权利要求（claim）的用语。例如，1807 年 11 月 20 日，在美国詹宁斯（Jennings）的专利申请中，首次使用了“权利要求”一词。但是，由于所记载的内容并非发明的技术手段，因此这一使用不被认为是现代所说的权利要求的原型。

直到1811年1月9日，由富尔顿（Fulton）在他的汽船发明专利的说明书的最后部分记载了“我的权利要求是在小船底部安装的机座上设置发动机和机器，该机座必须是长形、通气和有强度的，以便承受机器的重量和发动机的运行，并且为了不损坏船，该机座必须分配在船的相当大的表面上”。并且在该权利要求之后，还记载了类似形式的3个权利要求。不难看出，富尔顿所撰写的权利要求记载了构成发明的部件、相互连接关系以及必要的功能性特征，应当说它是一个技术方案。因此，人们普遍认为富尔顿在发明了汽船的同时，似乎也发明了世界上最初的专利权利要求。但是，此后的一段时间内，有关权利要求的撰写完全是申请人的自发行为，所以，撰写的情况比较混乱。然而，随着在专利申请的说明书中，记载权利要求的情况越来越普遍，美国国会于1836年对于说明书中记载权利要求的情况给予了确认，并在1836年的专利法中明确规定说明书中要记载权利要求，而且该规定演进成为美国法典第35编第112条（美国法典第35编即为专利法）。可是英国直到1883年的专利法中才有“完整的说明书应当以明确记载所要求保护的发明为终结”的规定。

权利要求是申请人为了使其所要求保护的发明更加明确，而根据在说明书中说明的技术内容进行简明、扼要的概括得出的。所以，权利要求所限定的保护范围不可能也不应当超出说明书中所公开的内容。

至此，发明专利申请的说明书就基本成型，也就是说明书是由发明说明（description，以下用D表示）和要求保护的权利要求组成。我们可以用如下的公式作形象的表示：

说明书（S）＝发明说明（D）＋权利要求

通过上述对有关说明书（S）的历史演变过程的简介，不难理解，说明书（S）中的发明说明（D）应当“充分公开所要求保护的发明，使本领域技术人员能够实施发明”；权利要求应当“以发明说明（D）为依据”是专利法立法的原则，是保证专利制度实施的基础，也是各个国家统一实施的规定。

时至今日，“充分公开”和“以发明说明（D）为依据”的原则依然被各国遵守。例如，2010年3月，美国联邦巡回上诉法院作出一项重要的全院联席审理（en banc）判决——阿瑞雅德公司（Ariad Pharmaceuticals，Inc.）诉美国礼来公司（Eli Lilly and Co.）案，美国联邦巡回上诉法院认为，美国法典第35编第112条的规定，不仅包含书面说明的要求，也包含可实施性的要求。换言之，专利说明书（S）的发明说明（D）必须对发明进行充分描述，以使本领域的一般技术人员了解发明人要求专利保护的主题，同时，还必须就该发明的制造和使用，向本领域的一般技术人员提供教示。并且认为“权利要求是进行定义和限制，发明说明（D）则是进行披露和教示”。

当前，绝大多数国家的专利法对说明书（S）的规定都是由发明说明（D）和权利要求两个部分构成的，是完整的一份文件。因此，当一件发明专利申请被授予专利权后，其说明书（S）不仅是一份技术文献，而且是一份法律文件。

（二）中国的申请文件［说明书（description）· 权利要求书（claims）］

中国《专利法》第二十六条第一款规定：“申请发明或者实用新型专利的，应当提交请求书、说明书及其摘要和权利要求书等文件”。第三款规定：说明书应当对发明“作出清楚、完整的说明，以所属技术领域的技术人员能够实现为准……”。第四款规定：“权利要求书应当以说明书为依据，清楚、简要地限定要求专利保护的范围。”

根据上述规定，不难看出，中国《专利法》中所规定的说明书和权利要求书分别是对应于其他国家专利说明书（S）中的发明说明（D）和要求保护的权利要求。

为了表达简便和清楚，以下凡是涉及在中国的发明专利申请的说明书皆以说明书表述，其含义即为前文中所说的发明说明（D）。

由于在中国的发明专利申请是将说明书和权利要求书作为单独的两份文件，因此，在中国的一件发明专利申请被授予专利权后，所公开发明的说明书和以说明书为依据的权利要求书两套文件只有组合在一起，才能构成具有法律作用的文件。但是，作为两套单独的文件，它们也依然遵循“充分公开”和“以说明书为依据”的原则。例如，2006年8月2日，中国国家知识产权局专利复审委员会对申请号为98800379.1、名称为“分组无线网络中的资源分配机制”的发明专利PCT申请作出第9083号复审请求审查决定，该决定认为：“说明书没有对发明作出清楚、完整的说明，本领域技术人员无法根据说明书记载的内容具体实施所述技术方案，故本申请说明书公开不充分，不符合我国专利法第二十六条第三款的规定。”又如，2007年7月31日，中国国家知识产权局专利复审委员会对授权公告日为2004年4月21日、名称为“用于检查位于物料带上的图样的装置与方法及此物料带”的发明专利作出第10447号无效宣告请求决定。该决定认为：“对于权利要求1这样一个概括范围较宽的权利要求，说明书中只给出了当输出信号顺序与预定信号顺序相同时输出启动这样一种实施方式，对有关如何判断为‘相似’以及‘相似’的尺度未作任何说明，而且所属技术领域的技术人员也难以把握或预先确定两个信号顺序有多少位相同可称得上是‘近似’。因此，合议组认为该权利要求1，不能从说明书公开的内容中得到或概括得出，所以不符合专利法第二十六条第四款规定。”

以上利用较长的篇幅来分析说明书与权利要求书以及它们之间的关系，为的是提醒申请人在撰写说明书及权利要求书时，务必牢记，说明书应当充分公开发明，使本领域技术人员能够实施，权利要求书应当得到说明书的支持，以使撰写好的说明书及权利要求书符合《专利法》第二十六条第三款和第四款的规定，否则将会导致不可挽救的后果。当然，有人会说在发明专利申请提交之后，还有机会对说明书和权利要求书进行修改。然而，千万不要忘记，中国《专利法》第三十三条规定“申请人可以对其专利申请文件进行修改，但是，对发明和实用新型专利申请文件的修改不得超出原说明书和权利要求书记载的范围”。这样的规定也是各个国家专利法的立法原则之一，目的是要确保先申请制的公正实施。例如，中国国家知识产权局专利复审委员会于2008年1月27日对申请号为99812713.2、名称为“与人G蛋白偶联的孤儿受体”的发明专利申请作出的复审请求审查决定中指出：“申请人答复复审通知书时所提供的试验数据实际上是对本申请要求保护的hRUP3分子的补充的功能试验，这种在申请日后提交的实验数据不属于原始公开的范围，无法用于证明本申请在申请日前已经完成，因此不能证明本申请的说明书符合专利法第二十六条第三款的规定。”

（三）所属技术领域的技术人员

前文中凡提到说明书时，都会涉及“所属技术领域的技术人员”。因此，申请人在撰写说明书时就必须清楚何谓“所属技术领域的技术人员”，以使所撰写的说明书符合法律规定的要求。实际上，这里所说的“所属技术领域的技术人员”也可以称为“本领域的技术人员”，是指一种假设的“人”，即假定他知晓申请日或者优先权日之前，发明所属技术领域所有的普通技术知识，能够获知该技术领域中所有的现有技术，并且具有应用该日期之前常规实验手段的能力，但他不具有创造能力。如果所要解决的技术问题能够促使本领域的技术人员在其他技术领域寻找技术手段，他也应具有从该其他技术领域中获知该申请日或优先权日之前的相关现有技术、普通技术知识和常规实验手段的能力。

之所以设定这样一种概念，目的在于统一判断说明书所公开的技术内容是否充分的标准，以免由所属技术领域的行家里手将不能实现的技术方案按照他的主观意图创造成可以实施的技术方案，也避免由于不熟悉该技术领域的技术人员将可以实施的技术方案判断为不可实施的情况发生。

（四）说明书撰写方式

专利制度经过上百年的实践，至今，说明书的撰写方式和顺序已经规范化。PCT 中明确指出，除另有规定外，说明书的撰写方式和顺序应当遵守以下的规定，并且在所述的每一部分之前，最好按照行政规程的建议加上合适的标题。下面对说明书的撰写方式和顺序进行说明。

说明书首先应当写明发明的名称，然后按如下的方式和顺序进行撰写：①技术领域；②背景技术；③发明内容；④附图说明；⑤具体实施方式。

从说明书的组成部分中可以看出，说明书涉及了与发明有关的附图。众所周知，附图是许多技术领域中常用的表述手段之一，它能配合文字说明，使人们非常容易理解所要说明的复杂技术问题。所以在专利申请的说明书中，必然也会结合附图来说明所要保护的发明。并且专利法也明确规定，受专利权保护的权利要求的内容，可以用说明书及附图进行解释。所以，从实质上讲，说明书如果有附图的话，该附图就是说明书中的一部分。然而，实际上附图是不被允许绘制在说明书中的，它只是作为说明书的一个附件存在。因此，从形式上，附图又不是说明书的一个部分。由此，附图是或不是说明书的一个部分并不存在矛盾，其间的差异仅仅是由于观察角度的不同而有所不同罢了。但是，从实质的角度来理解附图的重要性似乎更为恰当。因为，将专利申请文件提交到国家知识产权局专利局时，如果说明书中虽然写有对附图的说明，但是实际上却无附图或缺少部分附图，一旦申请人要求补交附图，那么就得以向国家知识产权局专利局提交或者邮寄附图之日为该申请的申请日了。所以，有附图时，附图就是说明书不可缺失的一个部分。

当前说明书的这种撰写方式和顺序已为绝大多数国家的专利局所公认并采用。《中华人民共和国专利法实施细则》（以下简称《专利法实施细则》）也明文规定，申请人应该按照这种方式和顺序撰写说明书，并在说明书的每一部分前面写明标题。

（五）权利要求的撰写方式和数目

1. 权利要求的撰写方式

权利要求应当以说明书为依据，清楚、简明地采用构成发明的必要技术特征的集合来表达所要保护的、具有技术效果的、可以制造、可以使用的产品或方法。当前存在两种撰写的方式：一种是欧洲体系的撰写方式，也是 PCT 中规定的撰写方式；另一种则是美国体系的撰写方式。下面我们对这两种撰写方式进行具体的说明。

（1）欧洲体系权利要求的撰写方式

欧洲体系权利要求的撰写方式是由前序部分和特征部分组成。这两个部分之间采用“其特征在于”的用语连接。下面采用一个公式作形象说明以表示权利要求的结构：

前序部分＋“其特征在于”＋特征部分

前序部分应当写明要求保护发明的主题名称以及发明主题与最接近的现有技术共有的必要技术特征；特征部分应当写明与前序部分中说明的特征组合在一起，构成所需要保护发明的那些特征，即发明对现有技术作出贡献的那些技术特征。

这种分两部分撰写权利要求的目的，在于使公众更清楚地看出权利要求的全部技术特征中，哪些是发明与最接近的现有技术所共有的技术特征，哪些是发明区别于最接近的现有技术的特征。

不难看出，这种撰写方式适合于改进型的发明。而开拓型的发明往往不存在与其最接近的现有技术，所以其权利要求就不需要按这种方式进行撰写。

目前，绝大多数国家的法律，包括中国的《专利法实施细则》，都明确规定权利要求应当按照这种两部分形式撰写。

（2）美国体系权利要求的撰写方式

根据美国专利法实施细则第 1.75（e）条的规定，权利要求的结构是：①前序：包含要求组合的所有惯用的或已知的构件或步骤的一般说明；②短语；③构成要求组合的、申请人认为是新的或改良的部分的那些构件、步骤和/或相互关系。

在该规定中，②中所说的短语是“wherein the important comprise”。但是，在实际撰写中，该短语已逐渐演变简化成一个词。这个词可以是“comprising”或“including”或“containing”，可以是“characterized”，也可以是“consisting of”或“composed of”。

采用这些词的前四个词中的任意一个词作为短语撰写成权利要求，称为“开放式权利要求”；采用后面两个词中任意一个词作为短语撰写成的权利要求，称为“封闭式权利要求”。

开放式权利要求是指，要求保护的范围除权利要求的全部技术特征之外，还有其他附加的技术特征；封闭式权利要求，则是指要求保护的范围就限于权利要求的全部技术特征，不再有其他附加的技术特征。显然，开放式权利要求的保护范围宽于封闭式权利要求的保护范围。

从最初所采用的短语中，明显可知，美国体系权利要求撰写的方式也是针对改进型发明而言的。

形成两种体系的权利要求撰写方式是由于专利制度在上百年的实施过程中，所产生的两种不同学说。一种是“周边限定论”，另一种是“中心限定论”。

所谓“周边限定论”，是指所撰写的权利要求应当记载发明整体的上位概念。欧洲体系的权利要求撰写方式就属于这种学说。在这样撰写的权利要求中，连接用语“其特征在于”起到划界的作用，即该连接用语是将构成发明的必要技术特征中，属于现有技术的特征与区别于现有技术的技术特征进行划分，使公众可以一目了然地知道发明对现有技术的改进是什么。

所说的“中心限定论”，是指撰写的权利要求应当记载最佳实施例。这是由于美国专利法在1836年修正后，其中规定“申请人须将自己所发明或发现的零件、改良或组合予以特别指定、指出……”。这样的规定学说被认为是中心限定的。但是，在侵权判断时，如何从权利要求所限定的最佳实施例扩张到合理的保护范围，就成为该学说要寻求解决的问题。直至1870年，美国专利法进行修改后规定“申请人应将认为是自己的发明或发现之制品、改良或组合予以具体的指出、明了的请求”。这样的修改，使权利要求的范围从“中心限定论”转换为“周边限定论”。这样的转换使得所撰写的权利要求的文词与字义便担负了重要的任务。所以美国体系权利要求撰写方式中短语的用词就对所限定的保护范围的宽或窄起着关键的作用。

美国专利法于1870年起，采用周边限定的权利要求撰写方式，是在1836年以来中心限定的权利要求撰写方式的基础上演变形成的，并在近百年的时间过程中逐步完善的。特别是美国专利法第112（f）条“用于组合权利要求的一个要素可以用实现所述功能的装置或步骤表述，不需要详述支持它们的结构、材料或者动作，并且该权利要求应当被解释为覆盖了说明书中所说明的相应结构、材料或者动作以及其等同物”的规定和美国联邦巡回上诉法院于1994年通过对*Donaldson*案判决所指出的“审查员可以给出装置加功能语言的‘最宽且合理的解释’是法律规定在美国专利法第112（f）条中的说明，因此，当作出专利性的决定时，美国专利商标局（USPTO）不可以不考虑在说明书中公开的与这种语言相应的结构”[1] 的教导，从而

[1] 原文为“the ‘broadest reasonable interpretation’ that an examiner may give means-plus-function language is that statutorily mandated in paragraph six. Accordingly, the PTO may not disregard the structure disclosed in the specification corresponding to such language when rendering a patentability determination.”

使美国发明专利申请中的权利要求能充分体现出周边限定的撰写方式。

1973 年制定的《欧洲专利公约》和 1984 年制定的中国《专利法》及其实施细则都没有类似美国专利法第 112（f）条的规定，但这并不意味着欧洲专利申请及中国专利申请的权利要求中，用于组合的要素（技术特征）不可以采用实现所说功能的装置和步骤来表述。恰恰相反，在欧洲专利申请及中国专利申请的权利要求中，采用功能性特征限定装置或步骤来表述某个组合要求是极其正常的。这是因为《欧洲专利公约》和中国《专利法》在立法时就是以周边限定作为撰写权利要求的基础，撰写的权利要求是从说明书所公开的具体实施方式，包括由等同物组成的实施方式概括形成的。这里所说的概括同时包含两个方面：一方面是从具体实施方式中概括形成独立权利要求的技术方案，另一方面是将多个具体实施方式中，区别于现有技术的相应装置、材料或动作概括形成用功能限定的装置或步骤的技术特征。如此概括撰写成的独立权利要求，显然与美国专利法第 112（f）条所规定的撰写方式相一致，使所要求保护的发明获得最宽的保护范围（当然，这种概括是从说明书所公开的具体实施方式中产生的），但是仍然应当考虑是否得到说明书的支持。

通过上述分析，目前存在的两种权利要求的撰写方式在判断申请是否具有专利性时，实质上是非常相近的，这就是两种权利要求撰写方式都应当以说明书为依据，当权利要求中，对组合在其中的装置或步骤采用功能性特征表述时，应当得到说明书所公开的，预期相应的结构、材料和动作的支持。

2. 权利要求的数目

照理讲，一项发明撰写一项权利要求就足够了，所以，有的国家的专利法中曾经规定一项发明只允许撰写一项权利要求。例如，20 世纪 70 年代以前，日本的发明专利说明书中，权利要求只有一项。然而，当前许多国家的专利法都规定可以撰写多项权利要求。据记载，多项权利要求的产生是由专利代理律师创造的。这是由于专利代理律师为了使申请人能获得最大的权利，往往将权利要求的保护范围撰写得尽量宽。但是，专利代理律师在起草权利要求时，他也清楚，无论他对现有技术有多么广泛的了解，也绝不可能掌握全部有关该发明的现有技术，而撰写的权利要求的范围越宽，就越容易落入现有技术的范围。因此，为了避免撰写的权利要求过宽，落入现有技术而导致申请人应有的权利被无效掉，专利代理律师就在撰写的最宽保护范围的权利要求之后，再采用所公开的发明中更具体的技术特征对该最宽的权利要求进行进一步的限定而撰写出多项权利要求。受到进一步限定的权利要求，其保护范围显然比最宽的权利要求的保护范围要窄。一旦宽的权利要求被否定，则符合发明的其他权利要求依然可以存在，并可能获得专利保护。由此，申请人应有的权利不会受到损害。多项权利要求的撰写方式随后就被各国所公认和采用。

由于多项权利要求都是以第一项最宽的权利要求为基础，因此将第一项权利要求称为独立权利要求，而其他直接或间接引用独立权利要求的权利要求则被称为从属权利要求，多项权利要求是按照阿拉伯数字的顺序编号，以独立权利要求为第一项权利要求撰写的。

由于从属权利要求都是以独立权利要求为基础，且每项从属权利要求引用其前面宽范围权利要求时，也需将所引用的权利要求抄写后再增加具体限定的技术特征，从而使得权利要求书变得烦琐冗余。因此，为了使权利要求书的撰写清楚简明，逐渐形成从属权利要求不需要将其所引用的权利要求重复抄入，而只需要将所引用的权利要求的编号写明即可代表所引用的权利要求的全部文字。例如，权利要求 2 可写为“2. 根据权利要求 1 所述的××，其中……”。从属权利要求可以引用其前面的任一项或几项权利要求。这种引用可以是引用单项权利要求，也可以是引用多项权利要求。但是，引用多项权利要求时，必须是择一的，例如，权利要求“3. 根据权利要求 1 或 2 所述的……”。也就是说，引用多项时，编号与编号之间的连接用词必须是“或”，而不允许用“和”，否则会导致保护范围在逻辑上的混乱。引用两项以上的权利要求的从属权利要求，称为多项从属权利要求。

虽然从属权利要求可以引用其前面的任何权利要求，但是，在中国和美国的专利法实施细则的有关条款中，明确规定多项从属权利要求不得作为另一项多项从属权利要求的基础，也就是说，多项从属权利要求中，不允许含有其前面的任何一项多项从属权利要求，需要引用时，只能单独引用。

五、单一性（特定技术特征·分案申请）

随着科学技术的发展，发明涉及的技术领域越来越广，技术内容也越来越专业化。因此，为了便于发明专利申请的分类、管理和审查，为了便于公众对专利文献的查阅和保护范围的准确限定，各个国家，包括中国在内，都遵循了专利申请单一性的原则。

通常，一件发明专利申请至少涉及一项发明。一项发明应当只有一项独立权利要求。这就是说，一件发明专利申请只能撰写一项独立权利要求。

但是，在实际中，有些发明的技术方案属于同样的构思，因此，将它们撰写在一件发明专利申请中并不影响对它们的分类、管理和审查。为此，《专利合作条约实施细则》（以下简称《PCT 实施细则》）中规定：“一件国际申请应只涉及一项发明或者由一个总的发明构思联系在一起的一组发明”，“在同一个国际申请中要保护一组发明的，只有在这些发明之间存在技术关联，含有一个或者多个相同或者相应的特定技术特征时，本细则所述的发明单一性要求才应被认为满足”。中国《专利法》第三十一条第一款中对此也作了规定，即“一件发明或者实用新型专利申请应当限于一项发明或者实用新型。属于一个总的发明构思的两项以上的发明或者实用新型，可以作为一件申请提出”。这就是所谓的单一性原则。

1. 特定技术特征

《PCT 实施细则》对“特定技术特征”一词是这样定义的，即在被要求保护的各个发明作为一个整体考虑时，每一个发明中对现有技术作出贡献的技术特征。同样，中国《专利法实施细则》对此也作了规定，即“可以作为一件专利申请提出的属于一个总的发明构思的两项以上的发明或者实用新型，应当在技术上相互关联，包含一个或者多个相同或者相应的特定技术特征，其中特定技术特征是指每一项发明或者实用新型作为整体，对现有技术作出贡献的技术特征”。

根据所述规定，说明在一件发明专利申请中是可以撰写两项以上的独立权利要求的，但是，必须具有共同的特定技术特征是它们被允许的必要条件。因此，如何确定和判断特定技术特征就是关键的问题。

《PCT 行政规程》附件 B 第二部分列举了许多有关特定技术特征的例子。在此，我们引用几例来说明什么是特定技术特征以及如何判断两项以上的独立权利要求是否存在共同的特定技术特征，是否符合单一性的规定。

例 1

权利要求 1：一种制备化学物质 X 的方法。

权利要求 2：物质 X。

权利要求 3：物质 X 作为杀虫剂的应用。

分析：在该例中，权利要求 1、2 和 3 都具有对现有技术作出贡献的物质 X，所以，X 物质是权利要求 1、2 和 3 的共同的特定技术特征。因此，权利要求 1、2 和 3 之间存在单一性。

在此顺便说明，可以获得专利保护的应用发明仅限于物质为药物时的新用途，其他领域的产品发明的用途，有的是不言而喻的，有的则是必须公开说明以使公众可以使用。

例 2

权利要求 1：包括步骤 A 和 B 在内的一种制造方法。

权利要求 2：为实施步骤 A 而专门设计的设备。

权利要求 3：为实施步骤 B 而专门设计的设备。

分析：在该例中，权利要求 1 和 2，或者权利要求 1 和 3 之间具有单一性。因为前者具有的共同特定技术特征为 A，而后者具有共同的特定技术特征为 B。但是，权利要求 2 和 3 之间不具有单一性，因为在这两个权利要求之间不存在共同的特定技术特征。

例 3

权利要求 1：一种处理纺织物的方法，包括将一种特殊的涂料在特定的条件下（例如，温度、辐射）对该材料进行喷涂。

权利要求 2：根据权利要求 1 的方法喷涂得到的一种纺织材料。

权利要求 3：权利要求 1 的方法中使用的一种喷涂机，其特征在于采用一结构新颖的喷嘴，能使涂料更好地分布在纺织物上。

分析：在该例中，权利要求 1 的特定技术特征是采用了特定的处理条件，即特定温度、辐射的条件下，用特殊涂料进行喷涂。权利要求 2 则是用权利要求 1 的方法形成的纺织材料。所以权利要求 1 和 2 之间存在单一性。权利要求 3 从形式上看，是实现喷涂所必要的喷涂机，似乎与权利要求 1 和权利要求 2 相关。但是，权利要求 3 所说的喷涂机对现有技术的贡献是保证涂料更好地分布的新喷嘴，与权利要求 1 和权利要求 2 中的特定温度、辐射条件无相关性。因此，权利要求 3 与权利要求 1 和权利要求 2 之间不存在单一性。

例 4

权利要求 1：特征为 A 的插头。

权利要求 2：特征为与 A 相应的插座。

分析：在该例中，特征 A 是一个特定技术特征，它被包含在权利要求 1 和权利要求 2 中，因此，权利要求 1 和权利要求 2 之间存在单一性。

为了进一步加深对特定技术特征的理解，以便确定专利申请中的多项独立权利要求之间是否具有单一性，下面通过两个实际的案例进行说明。

案例 1-3　一种用于书写材料组合物的可橡皮擦除的水性墨水

该案例源于国家知识产权局专利复审委员会作出的第 12227 号复审请求审查决定。

本发明的目的是提供一种用于书写材料组合物的可橡皮擦除的水性墨水。

权利要求 1：一种用于书写材料组合物的可橡皮擦除的水性墨水，其包括水、水溶性极性溶剂，和颗粒状黏性着色树脂，所说颗粒状黏性着色树脂包括颜料和黏性树脂，而且其至少一部分表面是黏性的，该颗粒状黏性着色树脂的粒径分布是粒径在 2～20μm 范围的颗粒的量占所有颗粒重量的 70%以上。

权利要求 14：一种用于书写材料组合物的可橡皮擦除的水性墨水，其包括颗粒状黏性树脂、水、水溶性极性溶剂，和包含颜料的颗粒状着色树脂，所述颗粒状着色树脂和颗粒状黏性树脂的粒径分布分别是粒径在 2～20μm 范围的颗粒的量占相应颗粒所有重量的 70%以上。

分析：在该案例中，由权利要求 1 中可以认定特定技术特征是“颗粒状黏性着色树脂的粒径分布是粒径在 2～20μm 范围的颗粒的量占所有颗粒重量的70%以上”。而权利要求14中的特定技术特征是“颗粒状着色树脂和颗粒状黏性树脂的粒径分布分别是粒径在2～20μm范围的颗粒的量占相应颗粒所有重量的70%以上”。因此，这两个特定技术特征所述的颗粒不同，使得该两个特定技术特征不完全相同。但是，根据该申请说明书对背景技术部分的描述，可以清楚地了解，本发明要解决的技术问题是对美国专利第5661197号和第5621021号现有技术所公开的含水、水溶性极性溶剂，和颗粒状黏性着色树脂的墨水组合物；和含水、水溶性极性溶剂、颗粒状黏性树脂、颗粒状着色树脂的墨水组合物的两种技术方案的水性墨水在书写后难以用橡皮擦除的问题。而在这两种墨水中，分别所述的“颗粒状黏性着色树脂”和“颗粒状着色树脂和颗粒状黏性树脂”均是为了提供黏性和着色功能，所属技术领域的人员，根据本领域的知识即可预见它们在该申请所要求保护的技术方案中的作用、功能或效果是相同或相似的一类物质。所以，权利要求1和权利要求14的发明构思都是通过采用特定粒径分布的起着色作用和黏合作用的颗粒，解决现有技术中存在的相同的技术问题，并达到相同的技术效果，二者对现有技术的贡献，也就是特定技术特征都在于采用特定粒径分布的颗粒。因此，权利要求1和权利要求14之间具有单一性。

通过上述案例，还可以看出单一性与现有技术存在一定的关系。

案例1-4　便携式牙刷

本发明的目的是提供一种使用、携带方便的便携式牙刷，携带时牙刷与牙膏袋合成一体，使用时可将置于盒体内的软袋牙膏直接挤压到牙刷的刷毛上。

权利要求1：一种便携式牙刷，由牙刷本体、兼作刷柄的盒体和置于盒体内的软袋牙膏组成，牙刷本体和盒体之间为可折叠连接，其特征在于，盒体上壁有一开口，使牙刷本体的刷毛可以通过该开口扣入盒体中，软袋牙膏的出膏口与扣入的刷毛位置相应，软袋牙膏与盒体底壁之间设有一底部带凸块的压板，该压板的凸块从盒体底壁的开孔处伸出。

权利要求2：一种便携式牙刷，由牙刷本体、兼作刷柄的盒体和置于盒体内的软袋牙膏组成，牙刷本体和盒体之间为可折叠连接，其特征在于，盒体上壁有一开口，使牙刷本体的刷毛可以通过该开口扣入盒体中，软袋牙膏的出膏口与扣入的刷毛位置相应，盒体内远离扣入的刷毛的一端，设置有一个边缘带拨块的可移动板，盒体底壁上开有一长条形槽，可移动板的拨块从该长条形槽中伸出，并可沿该长条形槽向扣入的刷毛方向移动。

分析：在该案中，权利要求1和权利要求2的技术方案里都包含设置在盒体内可将软袋牙膏中的牙膏挤到牙刷刷毛上的挤压装置。但是，权利要求1的挤压装置是通过对软袋牙膏施加平行于扣入盒体内刷毛竖直方向的压力将牙膏挤出；而权利要求2则是利用与扣入盒体内刷毛竖直方向垂直加压的挤压装置将牙膏挤出。两个技术方案达到的技术效果虽然相同，然而这两个技术方案所采用的挤压装置明显不属于同一个发明构思，因此这两个技术方案之间没有共同的特定技术特征。所以，权利要求1和权利要求2之间不具有单一性。

由上述案例，可以体会到对单一性的判断有时也是比较复杂的。然而，从立法的目的来讲，单一性的规定与所要求保护的发明本身是否能够被授予专利权是毫无关系的。所以，一件专利申请中，是否具有单一性仅在专利审查程序中进行判断，并可作为驳回专利申请的理由。但是，当已授予专利权的文本中存在不具有单一性的多项发明时，单一性不能作为请求宣告无效的理由。简而言之，单一性可以作为驳回专利申请的理由而不能作为已授予专利发明无效诉讼的理由。

2. 分案申请（分案）

虽然专利法中对单一性作了明确规定，但是一些发明专利申请文件中依然存在不具有单一性的发明。追其原因，约有两种情况：一种情况是申请人认为他所要求保护的两项以上的发明是符合单一性规定的；另一种情况则是申请人为了节约时间，以便尽早提交专利申请，而将两项以上、不具有单一性的发明撰写在一份专利申请文件中。

发明专利申请文件中存在不符合单一性的情况时，可以进行修改，使其符合单一性的要求。这种修改称为“分案”，即将不符合一个总的发明构思的那些要求保护的发明，从该申请文件中分出去。具体地说，就是将它们从该申请文件中删除。分案可以是主动的，但也可能是被动的。主动分案是指申请人在提交专利申请文件之后，主动对申请文件中存在的不符合单一性的发明进行分案；而被动分案，则是申请人根据专利局发出的审查意见通知书所指出不具有单一性的发明进行分案。不论是主动分案还是被动分案，对所分出去的发明，如果申请人仍然希望获得专利保护，则可以将分出来的那些发明撰写成新的专利申请文件进行提交。这种从原申请文件中分出，又重新提出的申请称为分案申请。

分案申请享有原申请的申请日。但是分案申请的内容应当与原申请中记载的范围相同，即分案申请所记载的内容不得超出原申请中所公开的范围。同时，在撰写分案申请说明书时，首先应当说明本申请是哪一件申请文件的副本。

按理说，申请专利的时间应当由申请人自行决定。但是，由于分案申请享有原申请案的申请日，且有关分案申请的发明也已由原申请的公开而公之于众。因此，分案申请的递交时间不应当是无限期的，否则对公众来说是不公平的。因为，公众无法尽早获知原申请案中分出去的发明的最终法律状态，以便确定它们是否可以作为现有技术被使用。所以，对分案申请递交的时间有如下的规定，即申请人提交分案申请的时间最迟应当在收到专利局对原申请作出授予专利权通知书之日起两个月期限届满之前；对不符合单一性规定的，在专利局已发出驳回原申请决定的，自申请人收到驳回决定之日起 3 个月内，在提出复审请求以后，或者对复审决定不服提起行政诉讼期间都可以提交分案申请。

顺便提一下，进行分案时，为简便起见，对原申请案中那些不具有单一性的权利要求删除即可，而对说明书所涉及的部分则完全可以不作修改。另外，申请人在一件发明专利申请中，如果撰写了两项以上的独立权利要求，应当将最希望优先获得专利权的发明作为独立权利要求 1。因为，审查员会根据程序节约原则，在判断申请中存在不符合单一性情况的同时，一般会对申请中独立权利要求 1 进行是否有专利性的审查。结果就确定了该原申请中要求保护的是权利要求 1 所限定的发明，而与权利要求 1 不属于同一个发明构思的其他权利要求就必须从该原申请中分出去。因此，当有的申请人在收到这样的审查意见通知书后，要求将其他的某个独立权利要求作为该原申请首先进行审查的发明时，为时已晚。

六、授予专利权的条件（实用性·新颖性·创造性）

一项申请专利的发明要获得专利保护，必须具备专利法中规定的三项基本标准，这就是实用性、新颖性和创造性。实际上，被授予专利权的发明专利申请，除满足上述三项基本标准外，还隐含具有专利法中规定的另外两个标准：其一是所属领域普通技术人员必须能够实现该发明；其二是发明必须是一项技术方案，即该发明应当具有与某一技术领域有关的“技术特征”，具体地说，就是必须涉及一个技术问题，必须具有若干技术特征，且这些技术特征能用来限定权利要求中所要保护的主题。不难看出，隐含的这两个标准，是专利法立法的基本原则，而实用性、新颖性和创造性的判断是在这两个标准的基础上进行的。

实用性、新颖性和创造性有时也被称为专利“三性”，专利“三性”的判断标准各自是独立的。但是它们则是相互关联、相互依存的。“三性”的判断是有序的，首先判断的是实用性，其次为新颖性，最后是创造性。而且只有在确定具备实用性的基础上，才进行新颖性的判断，当确定具备新颖性后，再判断是否具备创造性。换句话说，不具备实用性的发明专利申请，不需要进行新颖性的判断；在不具备新颖性的情况下，也不需要进行创造性的判断。所以，在判断一项申请专利的发明是否可以获得专利保护时，必须根据实用性、新颖性和创造性的顺序及相互之间的依存关系分别进行判断，而不应当将它们混为一谈。

下面将按照实用性、新颖性和创造性的顺序，分别对它们的判断过程进行分析。

（一）实用性

实用性是指该发明能够制造或者使用，并能够产生积极效果。

这里所说的能够制造或者使用，是指如果所要求保护的发明是一种产品，则为达到实际目的，该产品必须在产业中能够制造；如果所要求保护的发明是一种方法，则为达到实际目的，该方法必须在产业中能够使用。

这里所说的能够产生积极效果，是指在提出申请之日，可以预料到在该发明实施后，能够产生技术上的积极效果。

虽然实用性所说的制造或者使用是非常清楚和明确的，但是在实际判断时，为了避免因人的主观因素而不能得出公正的结论，《专利审查指南 2010》中对此作了具体的规定。

1. 审查基准

要求保护的发明具备下列情况之一的，则不具备实用性。

（1）无再现性

具备实用性的发明专利申请的技术方案应当能够重复实现。换句话说，就是应当具有再现性。

再现性是指所属技术领域的技术人员，根据公开的技术内容，能够重复实施专利申请中为解决技术问题所采用的技术方案。这种重复实施不得依赖任何随机的因素，并且实施的结果应该完全相同。因此，不能满足再现性的发明专利申请就不具备实用性。

但是应当注意，无再现性和成品率低是有区别的，成品率低的技术方案是具备实用性的。

（2）违背自然规律

具备实用性的发明专利申请应当符合自然规律，违背自然规律的发明专利申请是不能实施的，因此不具备实用性。永动机就是这种违背能量守恒定律的发明专利申请主题。

（3）利用独一无二的自然条件的产品

利用特定自然条件建造的、自始至终都是不可移动的唯一产品不具备实用性。

（4）疾病诊断、治疗和外科手术方法

对人体或者动物体的疾病诊断方法、治疗方法和外科手术方法以及测量人体在极限情况下生理参数的方法不属于产业上可以使用的方法，不具备实用性。

（5）无积极效果

具备实用性的发明专利申请的技术方案应当能够产生预期的积极效果。明显无益、脱离社会需要的发明专利申请的技术方案不具备实用性。

2. 审查依据（以说明书和权利要求为依据）

对实用性的判断是以申请日所提交的原说明书和权利要求书为依据，而不是以申请日之后又提交的文本为依据，这是因为“先申请制”“充分公开”原则，以及“修改不得超出原说明书及权利要求书记载的范围”的规定都是以申请日为界限的。所以，以申请日提交的说明书及权利要求书为依据，对申请人或者公众来说，是非常公正的，也是符合法律要求的。

为什么实用性的判断不仅以发明专利申请中限定了保护范围的权利要求为依据呢？下面将进行具体分析。

首先，权利要求应当是从说明书中概括形成的，是否得到说明书的支持，必须对原说明书所公开的内容进行核查后才能确定。因此，在审查权利要求时，必然要结合原说明书才能完成。如果脱离原说明书，仅从权利要求本身记载的内容来判断所要求保护的发明是否能够制造或者使用，往往会得出不正确的结论。例如，发明名称为“有机化合物组合”的第03811244.2号发明专利申请。其权利要求1为：“药物组合物，其包含（i）血管紧张素受体阻断剂（ARB）或其可药用盐，（ii）钙通道阻断剂（CCB）或其可药用盐，和（iii）利尿药或其可药用盐。”如果仅依据上述权利要求1所记载的，由三种组合物构成的技术方案来判断该发明的实用性，显然，一般人都会认为，该新的药物组合物是容易制造而成的。因为这三种组合物是人们已知的，均可用于治疗高血压以及各种心血管疾病及其后遗症药物，任何人只需将这三种药物组合在一起，就会得到本发明要求保护的新的药物组合物。但是，该申请经过实质审查后，以“本申请涉及由有机化合物组合而成的药物组合物，说明书中没有给出任何药效学试验数据以证明所述组合物确实具有治疗其适应症的功效，而本申请的方案必须依据实验结果加以证实才能成立，因此说明书公开不充分，不符合以所属技术领域的技术人员能够实现为准的规定”的理由驳回了该申请。申请人对上述驳回决定不服，提出复审请求。专利复审委员会仍以“本申请说明书公开不充分”作出了第15518号复审请求审查决定。申请人对此决定依然不服，又提起行政诉讼，一审法院、二审法院作出的行政判决书均维持了第15518号复审请求审查决定。通过该案例说明不能得到说明书支持的权利要求，被作为判断实用性的依据时，将会导致错误的结果。

其次，虽然从权利要求中能够看出发明所要求保护的范围是什么，但是并不一定都能得出该技术方案所要达到的目的、效果以及具体实施的方式。所以只有通过原说明书所公开的内容，甚至包括附图才能明确权利要求所限定的技术方案是否能够制造或使用以及能够得到所说明的目的和效果。否则，仅根据权利要求来判断发明的实用性，有时会得出极端错误的结论。例如，一项有关船舶的发明，其权利要求为："一种船舶，含有船体、舵、螺旋桨及动力源，其特征在于，船头的水面下装有的螺旋桨，其与发电机转轴相配合，电动机与一蓄电池联接，船尾水面下部装有推进螺旋桨，其与电动机转轴相配合，而发电机与电动机之间则采用电联接。"如果仅依据该权利要求记载的内容来看，该船舶是能够在产业上制造出来的，由此会认为该发明具备实用性。但是，从其原说明书所公开的内容来看，就会发现所得出的具备实用性的结论是完全错误的。因为，该发明的目的是企图以蓄电池驱动推进螺旋桨使船身达到航行速度后，只需利用船头部的螺旋桨的旋转产生的电能来驱动推进螺旋桨永远工作，从而使船舶航行。显然，该发明是违反自然法则的，即违背能量守恒定律，是不可能达到所说的目的的。所以，客观上该发明是不具备实用性的。又如，一项有关彩色显像管的发明，其独立权利要求 1 为："一种彩色显像管，其矩形面板侧壁内部，具有圆锥状接合部的柱销，以使支撑荫罩板的弹性部件与该柱销嵌合，其特征在于，所述弹性部件和所述柱销接触嵌合时，沿所述柱销中心轴大致平行方向上的作用力 F 与所述弹性部件在所述柱销接触部分上，沿所述柱销接合部大致成直角方向上的作用力 N 之间的关系为 $N/F \leqslant 1.8$。"此时，如果仅依据该权利要求 1 所记载的内容进行实用性判断，必然会认为在制造这样一个显像管时，对 $N/F \leqslant 1.8$ 的限定条件是无从着手的，由此就会得出该发明不具备实用性的结论。

但是，通过阅读该申请说明书所公开的内容，特别是所给出的一个具体实施例，就会发现仅依据权利要求 1 所得出的不具备实用性的结论是错误的。因为在该说明书的实施例中，明确记载了“当柱销接合部与柱销中心形成的角度 $\theta \geqslant 16^\circ$时，柱销接合部受力的情况就会满足 $N/F \leqslant 1.8$ 的关系”，所以，按照原说明书的说明，将该发明中所说柱销接合部与柱销中心轴的位置关系保证在夹角 $\theta \geqslant 16^\circ$时就可以制造出所要保护的彩色显像管。当然，该申请案的独立权利要求应当根据原说明书记载的 $\theta \geqslant 16^\circ$进行改写，使之成为一项可以具体实施的技术方案。

由以上分析不难看出，实用性的判断必须以原说明书及权利要求书为依据，否则可能产生极其错误的结论。

3. 判断方法

首先，以所属技术领域的技术人员的立场，阅读与研究发明专利申请的原说明书及权利要求书所公开的内容，确定申请所要保护的发明是什么，解决什么技术问题，达到什么技术效果。

其次，依据原说明书及权利要求书所记载的内容，判断该申请在申请日所公开的技术方案是否充分，所属技术领域的技术人员是否能够制造或者使用。

“公开是否充分”的审查是含在，也是必须在实用性判断过程中完成的，因此有时会将其归为实用性审查中。但是“公开是否充分”的判断标准是以本领域技术人员是否能够实现为准，而是否具备实用性，则是根据所规定的基准进行判断。

（二）新颖性

新颖性是指发明或者实用新型不属于现有技术；也没有任何单位或者个人就同样的发明或者实用新型在申请日以前向国务院专利行政部门提出过申请，并记载在申请日以后公布的专利申请文件或者公告的专利文件中。

这里所说的现有技术，是指申请日以前在国内外为公众所知的技术。换句话说，现有技术应当在申请日以前处于能够为公众获得的状态，并包含有能够使公众从中得知实质性技术知识的内容。任何情形的保密技术都不属于现有技术。但是，泄密而导致保密技术内容的公开，则该技术内容就构成现有技术的一部分。

现有技术与时间有关。这个时间界限就是被审查发明专利申请的申请日，如果该发明专利申请享有优先权的，则是优先权日。也就是说，在该申请日以前公开的技术内容都属于现有技术。但是，在该申请日当天公开的技术内容不包括在现有技术的范围内。例如，与申请日同一天出版的一本杂志上，登载了和申请所要求保护的发明完全相同的技术内容，该技术内容并不构成该申请的现有技术。

现有技术与地域无关。也就是说，不论在世界上哪个国家或者哪个地区，只要是在申请日以前，公众能够得知的技术内容，都构成该申请的现有技术。

现有技术存在的方式有出版物、使用和其他方式三种。下面分别进行具体说明。

出版物，是指记载有技术或设计内容独立存在的传播载体，并且应当表明或者有其他证明其公开发表或者出版的时间，即具体公开的年、月、日。

符合上述含义的出版物可以是各种印刷的、打字的纸件，例如专利文献、科技杂志、科技书籍、学术论文、专业文献、教科书、科技手册、正式公布的会议记录或者技术报告、报纸、产品样本、产品目录、广告宣传册等，也可以是用电、光、磁、照相等方法制成的视听资料，例如缩微胶片、影片、照相底片、录像带、磁带、唱片、光盘等，还可以是例如以互联网或其他在线数据库形式存在的文件等。

出版物不受地理位置、语言或者获得方式的限制，也不受年代的限制，例如百年前公开的文献等。出版物的出版发行量多少、是否有人阅读过、申请人是否知道是无关紧要的。

出版物的印刷日视为公开日，有其他证据证明其公开日的除外。印刷日只写明年、月或者年份的，以标明月份的最后一日或者标明年份的最后一日，即 12 月 31 日为公开日。

使用，是指使用而导致技术方案的公开，或者导致技术方案处于公众可以得知的状态。例如，通过制造、使用、销售、进口、交换、馈赠、演示、展出等方式使公众得知其技术内容。此外，还包括放置在展台上、橱窗内公众可以阅读的信息资料及直观资料，例如招贴画、图纸、照片、样本、样品等。使用是以公众能够得知该产品或者方法之日为公开日。

其他方式，是指口头公开等，例如，口头交谈、报告、讨论会发言、广播、电视、电影等能够使公众得知技术内容的方式。口头交谈、报告、讨论会发言以其发生之日为公开日。公众可接收的广播、电视或电影的报道，以其播放日为公开日。

新颖性除了和现有技术有关，还与另一种不属于现有技术范畴之内的公开有关。这种公开是指任何单位或者个人，在申请日以前向国务院专利行政部门提出过发明或者实用新型专利申请，并记载在申请日以后公布的专利申请文件或者公告的专利文件中（实用新型专利申请初审合格后直接授权公告）。这种发明或者实用新型的专利申请简称为“申请在先，公开在后”的专利申请。照理说，“申请在先，公开在后”的专利申请在申请日之前公众是无法获知的，所以它们不属于现有技术的一部分。但是，将“申请在先，公开在后”的专利申请与新颖性的判断关联在一起，是因为在这些专利申请中，有可能存在与申请日提交的发明专利申请同样的发明，结果导致在一个专利局中出现了两件同样发明的专利申请。然而，根据“先申请制”及“一发明一专利”的立法原则，该同样发明的“申请在先，公开在后”的专利申请，就必然应当使申请日提交的发明专利申请丧失新颖性。通常，将这种与发明专利申请同样的、“申请在先，公开在后”的专利申请称为“抵触申请”。

抵触申请的规定弥补了现有技术在判断新颖性时无法涵盖的部分，同时还起到了防止重复授予专利权的作用。

综上所述，不难看出与申请日提交的发明专利申请为同样发明的现有技术，或者为同样发明的“申请在先，公开在后”的专利申请（也就是抵触申请），都会使该申请日提交的发明专利申请丧失新颖性。

这里所说的同样发明，不仅仅是指完全相同的发明，还包括技术领域、所解决的技术问题、技术方案和预期技术效果实质相同的发明。因此，在判断新颖性时，应当将发明专利申请的技术领域、解决的技术问题、技术方案和技术效果作为整体考虑的要素。但是，有时在判断新颖性时，往往容易只关注了发明专利申请的技术方案，而忽略了其所要解决的技术问题以及所要达到的技术效果，结果导致错误的判断。例如，国家知识产权局专利复审委员会于2011年1月27日对申请日为2003年12月19日、申请号为200380108959.7、发明名称为“人造草垫及其制造方法”的发明专利申请所作出的复审请求审查决定。

在该案中，驳回决定所针对的独立权利要求如下：

1. 一种人造草垫，包括背衬和分隔成行并连接到背衬上的许多突出的人造草茎，其特征在于，在一行中连续的茎之间的相互距离基本上等于不相邻行之间的距离，并且至少是10mm。

在该案中，要求保护的人造草垫是为了解决人造草地在不同方向显示不同特征而导致球在地面上滚动不均的问题。

驳回决定是依据对比文件CN1255176A，于2000年5月31日所公开的一种人造草皮作出的。该对比文件所公开的人造草皮是为了减少列间距较密时通常会发生填充物的压实问题而采用较宽间距的成列扁带。所采用的技术方案为“包括基底和具有较宽间隔的扁带的列，扁带连接在基底或垫层上，扁带列之间的距离为5/8～2.25英寸之间，即 15.875～57.15mm，每英寸长度的列可制出 2～8 簇，即簇之间的距离为 3.175～12.7mm”。

驳回决定中，驳回的理由是将对比文件列间距的最小值与行间距的最大值进行比较，仅相差了 3mm，可以视为 15.875mm 与 12.7mm 是基本相等的，以此认定对比文件公开了权利要求 1 所说的“列间距与簇间距离是基本相等，且大于 10mm”。

专利复审委员会合议组经审查后认为权利要求 1 限定茎的行间距基本上等于列间距是为了获得草茎的均匀分布，而对比文件则是为了减少列间距较密时通常会发生填充物的压实的问题，并不是为了实现草茎的均匀分布。另外，对比文件采用列间距为 15.875mm，簇间距离定位 12.7mm 的技术方案，其列间距大于行间距，不能视为“基本相等”。综上所述，对比文件并没有公开“在一行中连续的茎之间的相互距离基本上等于不相邻行之间的距离”，所以，对比文件公开的内容与权利要求 1 的技术方案实质上是不同的，所解决的技术问题、达到的技术效果亦不相同。因此，驳回决定中关于本申请权利要求 1 不具备新颖性的理由不成立。

现有技术有三种公开的方式，但是，国家知识产权局专利局在进行审查时，由于审查员一般不易得知现有技术中有关公开使用或其他方式为公众所知的技术，所以用以进行判断的依据通常只是公开出版物，特别是以公开的专利文献为主。有关公开使用或以其他方式为公众所知的技术，往往是在无效宣告请求时，由无效宣告请求人作为无效宣告的依据提出。而作为与所审查的发明专利申请进行比较和判断的文件，称为“对比文件”。

下面将具体说明如何进行新颖性的判断。

1. 审查基准

(1) 相同内容的技术方案

要求保护的发明与对比文件所公开的技术内容相同或者仅仅是

简单的文字变换，则该发明不具备新颖性。

（2）具体（下位）概念与一般（上位）概念

要求保护的发明与对比文件相比，区别仅在于前者采用一般（上位）概念，而后者采用具体（下位）概念来限定同类性质的技术特征，则具体（下位）概念的公开，使得采用一般（上位）概念限定的发明丧失新颖性。例如，对比文件公开某产品是“用铜制成的”，就使“用金属制成的”同一产品的发明丧失新颖性。然而，反之则不成立。也就是说，一般（上位）概念的公开，并不影响采用具体（下位）概念限定的发明的新颖性。另外，具体（下位）概念的公开，并不影响采用属于同类性质的另一种具体（下位）概念限定的发明的新颖性。例如，对比文件公开了由“卤素”中的“氟”构成的技术方案，而发明与对比文件的区别仅是采用“卤素”中的“氯”来限定发明的技术方案，此时，“氟”的公开并不导致用“氯”限定的发明丧失新颖性。

（3）惯用手段的直接置换

要求保护的发明与对比文件的区别仅仅是所属技术领域中，惯用手段的直接置换，则该发明不具备新颖性。

（4）数值和数值范围

要求保护的权利要求的区别特征中，存在以数值或数值范围表述的技术特征，例如部件的尺寸、温度、压力以及组合物的组分含量，而其余技术特征与对比文件相同，则其新颖性应当依照以下各项规定进行判断。

（a）对比文件公开的数值或数值范围落在所要求保护的权利要求中的数值范围内，则该发明丧失新颖性。

（b）对比文件公开的数值范围与所要求保护的权利要求中的数值范围有部分重叠或有一个共同的端点，则该发明丧失新颖性。

（c）对比文件公开的数值范围的两个端点使由离散数值限定要求保护的技术方案中与之相同的数值的技术方案丧失新颖性，但不破坏其他与之不同的数值限定的发明的新颖性。

（d）要求保护的权利要求中的数值或者数值范围落在对比文件公开的数值范围内，并且与对比文件公开的数值范围没有共同的端点，则要求保护的权利要求具备新颖性。

2. 审查依据（以权利要求为依据）

当申请的发明专利具备实用性后，就可以进行新颖性的审查。新颖性的审查是要确定该申请中所要求保护的技术方案是否是新的。而所说的技术方案，则是由申请人所撰写的权利要求来表述的。所以，新颖性的判断是以权利要求所限定的保护范围为准，也就是说，新颖性的判断应当是以权利要求作为依据。权利要求中未记载的技术特征，即使在说明书中有表述，亦不属于权利要求的范围。例如，国家知识产权局专利复审委员会对申请日为 2002 年 3 月 2 日、发明名称为“四体活塞一心弧线往复式内燃机”的第 02106363. X 号发明专利申请作出的第 8535 号复审请求审查决定，维持了国家知识产权局专利局以不具备新颖性对该申请的驳回。理由是对比文件 1 公开了该申请权利要求 1 的全部技术特征，而且对比文件 1 所公开的技术方案与权利要求 1 请求保护的技术方案属于同一技术领域，并能产生相同的技术效果，所以该申请的权利要求 1 不具备新颖性。然而，申请人却强调其申请的说明书中公开的技术方案与对比文件公开的技术方案相比存在诸多区别技术特征，但是申请人坚持不将这些区别技术特征撰写到他所要求保护的权利要求中。因此，该申请人向法院提起诉讼，最终，法院一审判决维持了第 8535 号复审决定。

新颖性的判断是根据申请人撰写的权利要求作出的。对于该申请说明书中所公开的，但未被撰写到其权利要求书中的技术方案，则不予考虑。这并不意味着新颖性的审查中，权利要求与其说明书无关，只不过是在实用性的审查过程中，已经确认了权利要求是以说明书为依据，了解了要求保护的发明所属的技术领域、所要解决的技术问题和所要达到的技术效果。同时，认定权利要求的技术内容是可以由说明书及附图进行解释的。所以，在新颖性审查中，权利要求与说明书之间的关系是隐含的，而不是无关的。

3. 审查方法（单独对比）

第一，根据发明专利申请中各项权利要求的技术方案，对现有技术中的专利文献及“申请在先，公开在后”的专利文件进行检索，查找是否存在与所要求保护的各项技术方案是同样的发明。

第二，将查找到的对比文件，以单独对比的方式，与要求保护的独立权利要求的技术方案进行比较。

这里所说的单独对比方式是指与所要求保护的权利要求进行对比的内容，必须是在对比文件中清楚、独立并完整记载的技术方案，不允许将对比文件中公开的技术方案通过增、减、组合或推断后构成的技术方案用来与所要求保护的技术方案进行比较。例如，国家知识产权局专利复审委员会于 2009 年 11 月 14 日对申请日为 2002 年 5 月 29 日、名称为“钢筋砼用空心管及其制作方法、专用模具”的第 02122558.3 号发明专利（以下简称“本专利”），作出的第 14143 号无效宣告请求审查决定。

在该案中，针对本专利，第二请求人向专利复审委员会提出无效宣告请求，其理由是他所提交的申请日为 2000 年 12 月 27 日、申请号为 00136016.9、授权公告日为 2003 年 9 月 24 日、授权公告号为 CN1121927C 的中国发明专利说明书中公开的一种现浇空心楼板用芯管的制造方法所制作得出的产品，必然是本专利中权利要求 26“一种钢筋砼用空心管”的结构，所以本专利的权利要求 26 不具备新颖性。

合议组经审查认定，对比文件为本专利申请日前向国家知识产权局专利局提出并在本专利申请日后公开的中国专利文献，因此可以用于评述本专利的新颖性。但是，根据该对比文件的说明书及其附图可以确定权利要求 26 与该对比文件所公开的技术方案之间存在区别技术特征“管端封口板包裹在空心管管端口内壁”，所以两者技术方案并不相同。因此，第二请求人关于本专利的权利要求 26 不符合《专利法》第二十二条第二款规定的无效宣告理由不能成立。

从上述案例中，不难看出，“申请在先，公布在后”的中国专利文献是可以用作新颖性判断的对比文件。但是，该案中该对比文件与本专利中权利要求 26 不是同样的发明，因此不构成权利要求 26 的抵触申请，所以不损害权利要求 26 的新颖性。同时也说明，单独对比必须是对比文件中公开的一个完整的技术方案与发明专利申请中的一项权利要求进行对比，对比文件中公开的技术方案除权利要求外，也可以是说明书及附图中明确公开的技术方案。然而，在该案中，第二请求人是根据对比文件所公开的制造方法推定所得到的产品与本专利申请权利要求 26 相同，而查询对比文件的全文，并不存在相同的技术方案。所以，将对比文件随意进行推定、扩大或缩小，而在所公开的内容中却没有清楚、完整及明确表述的技术方案，就不符合新颖性所规定的单独对比原则。

第三，通过对比确定是否为同样的发明。如果不为同样的发明，则该独立权利要求具备新颖性，并且，由于该独立权利要求的从属权利要求都是从属于该具备新颖性的独立权利要求，所以，当独立权利要求具备新颖性时，其从属权利要求必然也具备新颖性，因此不需要对其从属权利要求的新颖性再进行审查；如果为同样发明，则该独立权利要求就丧失新颖性，此时，才需要对其从属权利要求依序进行新颖性的审查。

在此顺便提一下，进行新颖性的检索，对申请人或发明人来说也是非常重要的，特别对于开设新的研发课题，更为重要。其原因是通过新颖性的检索，可以使要研发的技术方案避开现有技术或他人的有效专利技术，从而使花费了大量人力、物力、财力及时间所获得的发明成果不至于落入现有技术或他人专利保护的范围。同时，通过研发之前进行的新颖性检索，有时可能会使发明人从已有的相关技术中得到某种启发，在研发过程中，获得事半功倍的效果。所以，许多国家的公司或企业都有自己的专利管理人员，专门进行现有技术的检索和市场情况的调研，以确保其公司或企业的每项发明创造能够顺利地获得专利保护。

（三）创造性（所属技术领域的技术人员）

创造性是指与现有技术相比，该发明具有突出的实质性特点和显著的进步。

这里所称的现有技术即为新颖性判断中所涉及的现有技术，即指申请日以前在国内外为公众所知的技术。

不难看出，创造性的判断与新颖性的判断中所涉及的、可以作为对比文件的“申请在先，公布在后”的专利申请文件无关。这是因为在申请日之前，申请人根本不能知晓这种专利申请中的技术内容，因此，申请日所要求保护的发明也不可能从这种专利申请中获得任何启示。

创造性规定发明应当具有突出的实质性特点，是指对所属技术领域的技术人员来说，发明相对于现有技术是非显而易见的。如果发明是所属技术领域的技术人员在现有技术的基础上仅仅通过合乎逻辑的分析、推理或者有限的试验可以得到的，则该发明是显而易见的，也就不具有突出的实质性特点。

创造性还规定发明应当有显著的进步，这是指发明与现有技术相比能够产生有益的技术效果。例如，发明克服了现有技术中存在的缺点和不足，或者为解决某一技术问题提供了一种不同构思的技术方案，或者代表某种新的技术发展趋势。

从创造性的规定中可以知道，判断一项发明专利申请是否具备创造性，必须是由所属领域的技术人员来完成的，以避免不同人的主观因素影响。所属领域的技术人员的定义已在本章之“四、申请文件”中说明。

下面对创造性的判断进行具体说明。

1. 审查基准

对所属领域的技术人员来说，如果要求保护的发明相对于现有技术是显而易见的，则不具有突出的实质性特点；反之，如果对比的结果表明要求保护的发明相对于现有技术是非显而易见的，则具有突出的实质性特点。

2. 审查依据（以具备新颖性的权利要求为依据）

具备创造性的一种产品或者一个方法，给人们的最先印象就是它一定是新的，否则与创造性无缘。同样，要判断一件发明专利申请所要保护的技术方案是否具备创造性时，首先应当认定它是一项新的技术方案，也就是先认可该技术方案已经具备新颖性。不言而喻，创造性的判断应当以具备新颖性的权利要求为依据。

3. 审查方法（组合对比）

判断一项权利要求相对于现有技术是否是显而易见，通常可按照以下三个步骤进行。

（1）确定最接近的现有技术

从检索到与要求保护的权利要求有关的现有技术中，找出最接近的一件现有技术，作为判断所要求保护的发明是否具有突出的实质性特点的基础。

所谓最接近的一件现有技术，是指该现有技术中与要求保护的技术方案最密切相关的一个技术方案。最接近的现有技术，可以是与要求保护的发明技术领域相同，所要解决的技术问题、技术效果或者用途最接近和/或公开了发明的技术特征最多的现有技术，或者虽然与要求保护的发明技术领域不同，但能够实现发明的功能，并且公开发明的技术特征最多的现有技术。当然，在确定最接近的现有技术时，应当首先考虑技术领域相同或相近的现有技术。当前绝大多数的发明都属于改进型的发明，因此，照理讲，最接近的现有技术应当是该发明对现有技术中进行具体改进的那个现有技术。但是，有时由于申请人未能提供该最接近的现有技术的具体文件，或者所提供的文件并不符合实际的情况，所以在判断创造性时，就需要重新确定该发明的最接近的现有技术。

（2）明确发明的区别特征和发明实际解决的技术问题

首先分析所要求保护的技术方案与最接近的现有技术相比有哪些区别特征。具体地讲就是将所审查的权利要求与所确定的最接近的现有技术中的技术方案进行对比，找出该权利要求中存在的，而在最接近的现有技术的技术方案中并不存在的技术特征，这些技术特征就被称为区别特征；然后，根据这些区别特征所能使发明达到的技术效果确定发明实际解决的技术问题。从这个对比的结果中，可以了解该发明为获得更好的技术效果而对最接近的现有技术进行改进所要实现的技术任务是什么。

（3）判断要求保护的发明对本领域的技术人员来说是否显而易见

在明确发明的区别特征及所要解决的技术问题之后，进一步分析其他有关的对比文件及普通技术知识中是否存在与所确定的区别特征相同的技术特征。如果不存在，则该发明具备创造性，且其从属权利要求也具备创造性；如果经过分析，发现这些对比文件及普通技术知识中，存在与所确定的区别特征相同的技术特征，则需要以本领域的技术人员的立场判断，是否能有启示使这些对比文件及普通技术知识中相同的技术特征与最接近的现有技术结合，组合成所要求保护发明的技术方案，且能解决本发明所要解决的技术问题。如果对比文件及普通技术知识不存在这种启示，则该发明具备创造性，同时，其从属权利要求亦具备创造性；如果对比文件及普通技术知识中存在上述所说的启示，则该发明不具备创造性，因此，对其从属权利要求就需要分别进行创造性的判断。

通过上述规定的审查方法，不难看出，创造性可以由最接近的现有技术与其他对比文件及普通技术知识组合后进行对比判断。这种判断方式称为组合对比，这与判断新颖性时所采用单独对比的判断方式显然是不同的。

组合对比有可能是将一件对比文件或普通技术知识和最接近的现有技术组合后与所要求保护的技术方案进行对比，也有可能是将几份对比文件和/或普通技术知识和最接近的现有技术组合后与所要求保护的技术方案进行对比，当然，也有可能是由最接近的现有技术中的几项技术方案进行组合后与所要求保护的技术方案进行对比。这里所说的组合不应当是机械地拼凑，而应当是由本领域的技术人员根据对比文件或普通技术知识以及他所掌握的技术常识及惯用的试验手段，有启示地进行组合。从组合的角度分析，最接近的对比文件与一件对比文件或普通技术知识组合时，就存在一个组合；若与多份对比文件和/或普通技术知识组合，则存在多个组合。当每个组合对于本领域技术人员来说是显而易见时，则该组合后的技术方案就使所要求保护的技术方案丧失创造性。但是，该组合后的技术方案中，只要有一个组合对本领域技术人员来说不是显而易见的，那么，该要求保护的技术方案就具备创造性。

下面通过几个案例来说明如何进行创造性的判断。

案例 1-5　机动车辆用的交流发电机

该案例源于 2003 年 3 月 25 日，国家知识产权局专利复审委员会作出的第 3294 号复审请求审查决定。

本发明涉及一种机动车辆用的交流发电机的转子，其目的是提供一种能避免引线破裂的发电机转子。

权利要求1：一种机动车辆用的交流发电机，包括一个转轴；场铁心，固定在转轴上，具有环形下凹部分；场线圈，固定在场铁心的环形下凹部分；滑环，用以供电，配置在转轴的场铁心一侧上；引线，从场铁心外的场线圈引出，通过端子连接到滑环上；以及风扇，固定在场铁心的一侧，其中，场铁心上形成有夹持部分，其截面基本呈梯形，供引导引线及容纳树脂，且风扇上开有凹口面对着夹持部分，其中，所述夹持部分沿着相对于场铁心的径向的倾斜方向延伸。

对比文件1（US4565936）公开了一种用于旋转电机的转子，尤其是其场铁心各侧的风扇上形成有下凹部分，用于容纳相应引线。

对比文件2（US5097169）公开了一种用于车辆的无刷发电机，尤其是其场铁心上设有供引线通过的凹槽，凹槽的截面是圆弧形的，且凹槽的延伸方向与场铁心的径向方向一致。

对比文件1和对比文件2与本发明同属于电机领域。因此与本发明属于相同技术领域的对比文件1和对比文件2完全适于评价本发明的创造性，并且确定对比文件1是本发明权利要求1最接近的现有技术。

权利要求1与对比文件1的区别技术特征在于：磁场铁心上形成有夹持部分，其截面基本上呈梯形，供引导引线和容纳树脂；夹持部分沿着相对于磁场铁心的径向倾斜方向延伸。

对比文件2中公开了磁场铁心上供引线通过的凹槽的截面是圆弧形，能起到避免对引线的损伤作用，从而启示本领域的技术人员将这样的结构用于对比文件1中，以评价本发明的创造性。

权利要求1与对比文件1和对比文件2结合得出的技术方案相比，其差别主要有以下三点：①形状不同，前者夹持部分的截面基本上呈梯形，后者的凹槽截面为圆弧形；②介质不同，前者的夹持部分容纳树脂，后者的凹槽内没有容纳其他介质；③延伸方向不同，前者的夹持部分沿着相对于场铁心的径向的倾斜方向延伸，后者的凹槽沿着相对于场铁心的径向一致的方向延伸。

对于差别①，为了避免沟槽对引线的损伤作用，本领域技术人员利用普通技术知识将圆弧形改为基本上呈梯形的夹持部分是容易想到也是容易做到的，这仅仅是要素的同等代换。

对于差别②，在夹持部分中滴入树脂固定引线是本领域技术人员的惯用技术手段。

对于差别③，为适应抽拉引线的方向，本领域技术人员会容易想到将沟槽延伸的方向由相对于场铁心径向一致改为相对于场铁心径向倾斜，所以这种改变对本领域技术人员来说，是不需要付出创造性劳动即可获得的。

由此可见，本领域技术人员在对比文件 1 和对比文件 2 结合的基础上得出权利要求 1 的技术方案是显而易见的，因此权利要求 1 相对于对比文件 1 和对比文件 2 的结合不具有突出的实质性特点和显著的进步，所以，权利要求 1 不具备创造性。

评论：在该案中，本领域技术人员根据对比文件 1 和对比文件 2 的组合以及普通技术知识显而易见的结合，从而判断本发明的权利要求 1 不具备创造性。

案例 1-6　用于半导体器件的具有高间隙填充能力的方法

该案源于 2009 年 5 月 10 日，国家知识产权局专利复审委员会作出的第 17414 号复审请求审查决定。

本发明涉及一种用于半导体器件的具有高间隙填充能力的方法。其相对于现有技术的改进在于能够填充 0.10μm 宽或更小的沟槽而无空缺的间隙填充方法。

权利要求 1：一种针对半导体器件执行 STI 间隙填充工艺的方法，包括形成覆盖基片的停止层，在所述基片内部形成沟槽，所述沟槽具有侧壁、底部和深度；在所述沟槽内形成衬垫，所述衬垫衬着所述沟槽的侧壁和底部；用第一氧化物将所述沟槽填充至第一深度，使用旋涂工艺填充所述第一氧化物，所述第一深度小于所述沟槽的深度；在所述沟槽内的第一氧化物上执行第一致密化工艺；使用 HDP 工艺在所述沟槽内沉积第二氧化物以填充至少所述沟槽的全部；在所述沟槽内的第一和第二氧化物上执行第二致密化工艺。

对比文件 1（US2004/0038493A1）公开了一种沟槽隔离结构的制造方法，并公开了以下内容："在基片上形成衬垫氧化物层；……使用图案化光刻胶层为掩膜，进行蚀刻，在基片内部形成沟槽；为避免在沟槽中产生空隙或接缝，利用玻璃旋涂法在沟槽中填充绝缘层，然后对绝缘层进行低温烘焙或固化处理；在低温烘焙以后，对 SOG 层进行化学机械抛光工艺，并使用衬垫氮化物作为蚀刻停止层；将填充沟槽的 SOG 层蚀刻回预定深度；在所述基片内部的沟槽中，使用 HDPCVD 工艺在衬垫氮化物层上沉积硅氧化物绝缘层以填充沟槽；通过 CMP 工艺……"

对比文件 2（US2005/0186755A1）公开了一种亚微米级间隙衬垫致密工艺，并具体披露了"在亚微米级的沟槽底部和侧壁形成薄氧化层、氮化层和衬垫层"，其中薄氧化层是起到保护沟槽的底部和侧壁的作用、加强沟槽的绝缘和隔离作用。

经过对比，可以看出对比文件 1 和对比文件 2 均未公开权利要求 1 中的"用第一氧化物将所述沟槽填充至第一深度，使用旋涂工艺填充所述第一氧化物，所述第一深度小于所述沟槽的深度"。虽然对比文件 1 的方法中也形成了氧化物填充沟槽一部分深度的中间结构，但是对比文件 1 中是通过"先在沟槽填充氧化物，再用化学机械抛光氧化物，然后再蚀刻沟槽内的氧化物"三个工艺步骤来实现的，而不是权利要求 1 的方法中该步骤是用旋涂工艺将第一氧化物填充到所述沟槽中，该填充的深度小于所述沟槽的深度（即权利要求 1 中所述的第一深度）这样一个工艺步骤来实现的。从而权利要求 1 的技术方案中，无须对第一氧化物层进行平坦化处理以及蚀刻处理的其他步骤，减少了工艺步骤，提高了工作效率，并降低了成本，减小了可能产生的工艺缺陷的技术效果。这种技术效果是无法从对比文件1和对比文件2公开的技术内容中预见到的。因此，本申请权利要求1的技术方案相对于对比文件1和对比文件2具备创造性。

评论：在该案中，对比文件1和对比文件2中没有任何教导和启示使本领域的技术人员能将它们组合出权利要求1的技术方案，因此该权利要求1具备创造性。

案例1-7　单氯代邻二甲苯的制备方法

该案例源于2000年10月11日，国家知识产权局专利复审委员会作出的第2744号无效宣告请求审查决定。

权利要求1：一种单氯代邻二甲苯的制备方法，是采用邻二甲苯为原料，其特征在于以路易斯酸、碘或铁为催化剂，用量为邻二甲苯的0.001%～1%，反应温度为－20～50℃，无需溶剂，以氯气直接氯化。

权利要求2：如权利要求1所述的制备方法，其特征在于催化剂路易斯酸为三氯化铁、三氯化铝、三氯化锑、四氯化锡。

对比文件1（US4190609）涉及一种二甲苯（尤其是邻二甲苯）的直接氯化方法，该类反应是在路易斯酸催化剂和噻蒽化合物或其混合物助化剂的存在下，使二甲苯和氯气反应，所述的噻蒽助催化剂有利于4-氯代邻二甲苯的生成；常用的催化剂有锑、铅、铁、钼、铝，包括其卤化物和生成这些物质的单质及其化合物，最常用的是以$AlCl_3$、$SbCl_3$和$FeCl_3$为例的氯化物，催化剂和助催化剂的总量大约为二甲苯重量的0.01%～2.0%；反应温度一般约为－20～110℃，常用温度为0～70℃；通常反应是在无溶剂参与的情况下进行的。在该对比文件1所公开的实施例2C中，公开了在对3—位和4—位氯代产物的比率没有特殊要求的情况下，可以不使用噻蒽类助催化剂，且所用催化剂为三氯化铁，其用量为0.1份（相当于邻二甲苯的0.1%），反应温度为0℃，无需溶剂通入氯气氯代。催化剂可以是三氯化铁、三氯化铝、三氯化锑等。另外，在该对比文件1所引用的现有技术中，也明确记载在该类反应中可以使用铁、碘作为催化剂。

根据对比文件1实施例2C所公开的具体技术方案以及对比文件1中所公开的一般性教导，本领域技术人员就可以得到启示，将它们结合组成本专利权利要求1的技术方案，而且该技术方案也不存在预想不到的技术效果。因此，权利要求1不具备创造性。同样，权利要求2相对于对比文件1所公开的技术内容也不具备创造性。

评论：在该案中，仅由对比文件1及其实施例2C所公开的技术内容就使本领域技术人员容易地组合出权利要求1和权利要求2的技术方案，从而使该发明不具备创造性。

综上所述，创造性的审查是采用组合对比的方法，即由本领域技术人员确定组合是否是显而易见的。该方法看起来似乎非常简单，但是，实际上却是一个法律性和技术性极其强的复杂分析和判断过程。该过程应当体现的是在现实中，所要求保护的发明是否付出了创造性的劳动。

七、实质审查制（审查意见通知书·意见陈述书）

当前，绝大多数国家，包括中国在内，对发明专利申请的审查是实行实质审查制。所谓实质审查制是相对初步审查制而言的。初步审查主要是审查申请人提交的申请文件和涉及专利申请有关的其他文件是否符合专利法及其实施细则的规定、是否是在专利法及其实施细则规定的期限内或者专利局指定的期限内提交，以及缴纳的有关费用的金额和期限是否符合专利法及其实施细则的规定。而实质性审查则是在初步审查符合法律规定后，对所要求保护的发明进行是否具备实用性、新颖性和创造性的审查判断。

实质审查需要较长的审查周期。在这期间，如果发明专利申请不予公开，则对于公众而言，是无法清楚该发明专利申请的技术内容是什么，因此有可能会就该同样的技术方案进行重复研究、重复投资和重复申请，从而导致公众在人力、资源和时间上的极大损失。为此，在实施实质审查制的同时，也实行了早期公开制，以保护公众的利益并减轻审查时间限制的压力，从而使专利制度的作用能够很好地发挥，更有利于促进技术的交流和发展。

所谓的早期公开制是指发明专利申请经初步审查认为符合要求的，自申请日起（要求优先权的，自优先权日起）满 18 个月，即行公布。规定 18 个月的期限主要是基于如下的考虑：申请人第一次在外国提出专利申请后，在中国还享有 12 个月的优先权期限，有可能直到该期限届满前才向中国提出专利申请，而在申请人向中国提出专利申请后，国家知识产权局专利局进行初步审查和公布的准备工作还需要一定的时间，所以规定满 18 个月予以公布较为现实可行。这是世界多数国家采用的做法，也是经过实践检验较为合理的期限。不过，《专利法》第三十四条还规定："国务院专利行政部门可以根据申请人的请求早日公布其申请。"也就是说，申请人可以请求初步审查合格后，不需要满 18 个月就将其申请公布。是否需要尽早公布专利申请，申请人应当慎重考虑，特别是对于技术含量高、发展前途广、市场占有率长远的发明专利申请，如果过早公开，有可能在申请人尚未来得及进行该发明的后续创造或进一步提出新的专利申请，就已经启发他人占先实现对该发明的新的创造并提交专利申请。

发明专利申请在满 18 个月公布后，还需进行实质审查。因此，在公布该发明专利申请到最终确定是否被授予专利权的这段期间内，该申请所公开的发明都不能获得专利保护。而在此期间，他人完全有可能通过阅读所公布的申请内容了解发明的技术方案并进行实施该发明，这种情况显然损害了申请人的利益。所以，为了使申请人的利益得到保护，《专利法》第十三条规定了："发明专利申请公布后，申请人可以要求实施其发明的单位或者个人支付适当的费用。”这个规定就是所谓的对发明专利申请的临时保护条款。

发明专利申请在公布后，并非能自动进入实质审查阶段，而是要由申请人提出请求之后才能启动。中国《专利法》规定，发明专利申请自申请日（有优先权的，自优先权日）起三年内，国务院专利行政部门可以根据申请人随时提出的请求，对其申请进行实质审查；申请人无正当理由逾期不请求实质审查的，该申请即被视为撤回。通常申请人多半是在提交发明专利申请的同时提出实质审查请求。但是，《专利法实施细则》中规定：“发明专利申请人在提出实质审查请求时以及在收到国务院专利行政部门发出的发明专利申请进入实质审查阶段通知书之日起的 3 个月内，可以对发明专利申请主动提出修改。”因此，实质审查请求与发明专利申请同时提交的话，申请人将失掉一次主动修改其专利申请的机会。当然任何修改都不得超出原申请公开的内容。

进入实质审查程序后，审查员根据专利法的有关规定，对发明专利申请进行实质性审查，并以审查意见通知书的形式指出申请中存在的不符合专利法有关规定的缺陷。申请人在收到审查意见通知书后，应当进行认真的研究，并以意见陈述书的形式针对审查意见通知书中所提出的问题依序作出意见陈述并提供证据，并且为了克服审查意见通知书中指出的缺陷，申请人也可以对权利要求进行修改，这种修改称为“非主动修改”或者“被动修改”。

审查员根据申请人的陈述意见和修改的权利要求（如果进行修改的话）可以进行进一步的审查。如果申请人所作出的修改和陈述的理由与其修改前的情况没有实质上的变化，则可驳回该发明专利申请；如果实质审查没有发现存在驳回理由，则发出授予发明专利权的通知。

申请人应当在收到授予发明专利权的通知之日起 2 个月内办理登记手续，国务院专利行政部门应当授予专利权，颁发专利证书，并予以公告。申请人如果在期满未办理登记手续的，则视为放弃取得的专利权。

再次提醒申请人应当特别注意的是，不论是“主动修改”还是“非主动修改”，都不得超出原说明书和权利要求书所记载的范围。

申请人对实质审查作出的驳回申请的决定不服的，可以自收到通知之日起3个月内，向专利复审委员会提出复审。申请人对专利复审委员会的复审决定不服的，可以自收到通知书之日起3个月内向人民法院起诉。

第二章　说明书的撰写要点

一件发明专利申请应当有说明书、附图（必要时）及其摘要和权利要求书（本章不涉及权利要求书）。

下面将分别对说明书、附图及其摘要进行具体说明。

一、说明书

说明书应当充分公开所请求获得专利保护的发明，使公众知道该发明要解决的技术问题、达到的效果以及采用的技术手段。说明书的作用是通过所公开的内容教导和启示人们如何实施该发明，并且能对该发明所要求保护的范围给予支持和必要的解释。

为达到上述的目的，专利法中有关条款对说明书的撰写要求及撰写方式作出如下具体的规定。

（一）说明书的撰写应该满足的要求

中国《专利法》第二十六条第三款规定："说明书应当对发明或实用新型作出清楚、完整的说明，以使所属技术领域的技术人员能够实现为准……"

1. 清楚

说明书应该清楚，是指说明书中所请求保护的发明主题必须明确，表述的内容必须准确。具体地说，就是说明书不允许采用含糊不清或者模棱两可的用语进行描述，而应当采用该发明所属技术领域的技术术语清晰准确地说明该发明的目的、效果及技术方案，以使公众能够确切地理解该发明所要保护的主题。

2. 完整

所谓完整是指说明书应当包括有关实现发明所需的全部内容。具体地说，就是从撰写形式上应当完全符合专利法有关说明书撰写方式的规定，从内容上讲应当表述的是一个完整的技术方案。

3. 能够实现

能够实现是指说明书公开的内容应当使所属技术领域的技术人员能够实现该发明。具体地说，凡是所属技术领域的技术人员不能从现有技术中直接、唯一地得出的有关内容，均应该在说明书中描述。说明书中，对如何解决所说技术问题而采取的技术手段的说明应当特别详尽。如果所表述的内容存在不可补救的缺陷，就会使所要求保护的发明无法实施。例如，说明书中只公开发明的任务或结果，未提供实施发明的手段；只给出含糊不清、无法具体实施的技术内容；给出的技术手段解决不了所要解决的技术问题；给出的实施方式中缺少某一要素；缺少证明技术手段的实验数据等。

申请人在撰写说明书时，应当牢牢记住上述规定的三个要求，并体现在所撰写的说明书中。同时还应当记住在第一章中多次强调过的"修改不得超出原说明书及权利要求记载的范围"的规定。

总之，说明书的撰写是否符合专利法的有关规定将直接影响申请人的利益。一旦疏忽大意，则会使申请人辛勤创造的发明付之东流。下面将通过具体案例来说明说明书撰写在发明专利申请中的重要性。

案例 2-1

2007 年 9 月 27 日，国家知识产权局专利复审委员会对申请日为 2001 年 4 月 20 日、发明名称为“治疗胃病的药物及其制备方法”的第 01107369.1 号发明专利申请作出第 11647 号复审请求审查决定。该决定维持了国家知识产权局专利局所作出的驳回决定。在第 11647 号复审请求审查决定中，驳回决定的主要理由为：根据《中药大辞典》的记载，原料药之一的“藤子暗消”既是“南木香”的异名，又是“羊蹄暗消”的异名，本领域技术人员不清楚选择其中哪一种用于制备本申请请求保护的中药组合物，因此，本申请说明书不符合《专利法》第二十六条第三款的规定。

评论：在《中药大辞典》中，“藤子暗消”仅仅是异名，它对应于两种原料的正名，分别为“南木香”和“羊蹄暗消”。“南木香”的基原为马兜铃科植物云南马兜铃的根；其性味辛，温；其功用主治温中理气，止痛消食，舒筋治络，治胃炎、腹胀、腹痛、风湿骨痛。“羊蹄暗消”的基原为西番莲科植物月西番莲的根、茎；其性味苦，平；其功用主治健胃，理气，止泻及消化不良，胃痛、腹痛、腹胀、腹泻。

根据上述记载可知，“南木香”和“羊蹄暗消”两者虽然均可治疗胃病，但它们的基原、性味和功用主治有所不同。基原不同的药材在化学成分上往往存在较大差异，起药效作用的化学成分通常也不相同。根据中医理论，从中医对证的角度看，性味不同的药材一般不能随意地互换，否则会动摇整个组方原则及组方效果，从功用主治上看二者尽管对于胃腹疼痛有相似的疗效，但并不能因此断言其起药效作用的化学成分相同或相似，或者二者将在本申请的组方中发挥相同或相似的作用。在“南木香”与“羊蹄暗消”之间存在差别的情况下，本领域技术人员很难确认“藤子暗消”究竟对应的是“南木香”，还是“羊蹄暗消”。因此，所属领域技术人员无法具体实施该发明的技术方案。由此，该申请的说明书没有对发明作出清楚、完整的说明以达到所属技术领域的技术人员能够实现的程度。

案例 2－2

国家知识产权局专利复审委员会于2006年8月2日作出第9083号复审请求审查决定，其针对国家知识产权局于1998年3月25日受理、1998年11月27日进入中国国家阶段并于1999年6月23日公开的、申请号为98800379.1、名称为“分组无线网络中的资源分配机制”的发明专利PCT申请。该决定如下：本申请要解决的技术问题是如何在分组无线网络中更有效地分配无线资源……，第一实施例没有充分公开如何在单独信令消息中利用USF实现无线资源分配的具体技术手段，说明书对该实施例通篇只是概括性地描述了“在与所述单独的信令消息所指示的上行链路码块相对应的下行链路码块，使用所述未被分配的USF”，并没有清楚、完整地具体描述实施该技术方案的具体技术手段，而在单独的信令消息所指示的上行链路码块/相对应的下行链路码块中利用USF实现无线资源的分配正是本申请所要解决的技术问题，说明书中没有给出如何解决该技术问题的具体技术手段，因此本领域技术人员根据说明书记载的内容无法具体实施。第二实施例没有充分公开有关单独授权机制的具体技术手段，单独授权是上行链路码块由移动站传输的条件，说明书第7页第2行至第13行没有充分公开实现所述单独授权机制的具体技术手段，具体而言，说明书没有充分公开所述轮询域、P比特、预定时间等在单独授权机制中的具体含义以及其之间的相互关系；也没有公开实现“上行资源并不是按照标准提案那样通过USF标识符来分配”的具体技术手段，而这正是清楚描述完整的单独授权机制所不可缺少的关键内容，本领域技术人员不能够从这段概括的描述中实现单独授权机制，也就不能实施第二实施例。因此，说明书中给出的解决技术问题的手段是含糊不清的，本领域技术人员无法根据说明书的内容具体实施所述技术方案。

综上所述，说明书没有对发明作出清楚、完整的说明，本领域技术人员无法根据说明书记载的内容具体实施所述技术方案，故本申请说明书公开不充分，不符合我国《专利法》第二十六条第三款的规定。基于上述理由，合议组维持了国家知识产权局专利局于2003年4月4日作出的驳回申请号98800379.1发明专利申请的决定。

评论：该案例中，说明书虽然给出了两个实施例，但是，两个实施例描述的并不是教导本领域技术人员如何具体通过实施例来实现该发明无线资源分配的技术手段，而只是概括性地表述了一些状态或者结果，致使本领域技术人员根据实施例公开的内容难以实现该案所要求保护的发明，显然不满足说明书充分公开的要求。

案例2－3

2008年6月24日，国家知识产权局专利复审委员会对2004年10月27日申请、申请号为200410050686.1、名称为“一种利用玉米胚芽提取制备纳米活性物质的方法及其产品”的发明专利申请作出第13801号复审决定。国家知识产权局专利局对该申请的驳回理由是：本申请的说明书中所给出的超音速纳米射流技术、纳米匀质机内处理和纳米对撞机这些技术手段并不能解决本申请所述的获得分子量为50～200的玉米胚芽活性物质这一技术问题。

申请人（也称“复审请求人”）对上述驳回决定不服，向专利复审委员会提出了复审请求并提交了权利要求书和说明书的全文修改替换页，将原申请中表述的“玉米胚芽活性物质分子量可在200～50”修改为“玉米胚芽活性物质粒径为200～50nm”，修改的理由为原说明书及权利要求书中“玉米胚芽活性物质分子量可在200～50”为笔误。

经过审查，专利复审委员会提出如下审查意见：

在本案中，复审请求人将原说明书和权利要求书中表述的“玉米胚芽活性物质分子量可在200～50”修改为“玉米胚芽活性物质粒径为200～50nm”。然而，在本申请的原说明书和权利要求书中，既没有有关“活性物质粒径”的记载，也没有将活性物质加工至200～50nm粒径的技术手段，因而从原申请中无法直接地、毫无疑义地确定“玉米胚芽活性物质粒径为200～50nm”的内容。故上述修改超出了原说明书和权利要求书记载的范围。

……

在上述意见的基础上，专利复审委员会作出了维持驳回决定的审查意见。

评论：在该案例中，申请人认为原说明书及权利要求书所表述的“玉米胚芽活性物质分子量可在200～50”中的“分子量”存在笔误，从而在向专利复审委员会提出复审请求的同时，提交了修改的说明书及权利要求书，将原说明书及权利要求书中的“分子量”全都修改为“粒径”。但是，原说明书及权利要求书中并未提及“粒径”的概念，而“分子量”这一概念却贯穿该发明的始终，因此，所属技术领域的技术人员不能从原说明书的整体及上下文中看出有关“粒径”的概念。所以专利复审委员会最终维持“本领域技术人员不能解决本申请中所述的获得分子量200～50的玉米胚芽活性物质这一技术问题”的驳回决定。

通过上述对案例的具体分析，再次提醒申请人在撰写完说明书后，应当认真进行核查，以确认撰写的说明书中所表述的要求保护的发明是清楚、完整的，使本领域技术人员能够实现的技术方案。

（二）说明书的撰写方式和顺序

发明专利申请的说明书首先应当写明发明的名称，该名称应当与请求书中的名称一致。

发明名称应当采用所属技术领域通用的技术术语，清楚、简要、全面地反映所要求保护发明名称的主题和类型，即发明是产品和/或方法。例如发明是“圆珠笔”“圆珠笔及其制造方法”“圆珠笔及其制造方法和制造设备”。

发明名称一般不得超过25个字，特殊情况下，例如化学领域的某些申请可以允许最多40个字。发明名称不得采用非技术术语，更不允许使用人名、地名、商标、型号或者商品名称以及商业性宣传用语等。

当发明名称确定之后，就需要撰写所要求保护发明的具体内容。根据《专利法实施细则》有关规定，说明书应当按照下列方式撰写，这就是：①技术领域；②背景技术；③发明内容；④附图说明；⑤具体实施方式。

说明书的这种撰写方式是PCT中所建议的，目前已被各国的专利法所采用。而中国《专利法实施细则》中更明确地规定，在一般情况下，上述的标题应当在每部分的具体内容之前写明。要求作为标题的规定，使申请人在撰写说明书时思路清晰，使说明书表述的内容明确。

下面将按照规定的撰写方式，分别说明如何撰写各个部分的具体内容。

1. 技术领域

申请人应当写明要求保护的技术方案所属的技术领域。实际上通过长期实践，技术领域的撰写形式目前已基本定型。例如，一项关于挖掘机悬臂的发明，其改进之处是将现有技术中的长方形悬臂截面改为椭圆形截面。该发明的技术领域应写成“本发明涉及一种挖掘机，特别是涉及一种挖掘机悬臂”。不难看出，仅仅用两个短语就可以将一项发明的技术领域表述清楚。但是，这种表述应当是采用要求保护的发明技术方案所属或者直接应用的具体技术领域，而不是上位的或者相邻的技术领域，也不是发明的本身。因此，如果将上述发明的技术领域写成“本发明涉及一种建筑机械”“本发明涉及挖掘机悬臂的椭圆形截面”或者“本发明涉及一种截面为椭圆形的挖掘机悬臂”，显然不能正确地反映所述发明的技术领域，反而有可能使人产生误解。

另外，如果一件发明专利申请中有几项发明，则应将各项发明所涉及的技术领域都进行表述，即“本发明涉及一种……，特别是涉及一种……，本发明还涉及一种……”。

2. 背景技术

目前绝大多数的发明都是对现有技术中存在技术问题和缺陷进行改进的发明，也被称为“改进型发明”。这些与改进型发明有关的现有技术就是该发明的背景技术。为了使人们理解改进型发明所作出的改进，并且为了便于检索和审查，申请人就应当将这些有关的背景技术进行说明。这种在背景技术中广泛介绍与发明有关的各种现有技术，在美国的专利文献说明书中可以查阅到。但是，从欧洲体系国家专利文献说明书的背景技术内容看，由于改进型发明是针对现有技术中某一具体方案作出的改进，因此，只将这一件含有该具体技术方案的现有技术作为背景技术，且认为该现有技术是该改进型发明最接近的现有技术，该现有技术中的那个具体技术方案被称为该改进型发明的创造原型。我国专利法也属于这一体系，即权利要求是以最接近的现有技术划界，所以在背景技术中，申请人应当充分、清楚和客观地说明该创造原型的技术方案，以及该技术方案存在的技术问题和缺陷，而这些技术问题和缺陷是所请求保护的发明要解决和改进的部分。同时，由于不可能、也不需要将最接近的现有技术全文记载到背景技术中，因此，申请人最好尽量说明最接近的现有技术的文件、出处、公开日期等信息，以便于人们查阅、核对和理解。

申请人对现有技术中存在的技术问题和缺陷所进行的说明和评论应当仅仅限于技术本身，不允许出现贬低或诽谤他人的言语。

3. 发明内容

申请人应当清楚、客观地写明所请求保护的发明要解决的技术问题、采用的技术方案以及要达到的技术效果。

发明要解决的技术问题应当是针对背景技术中所说发明原型中存在的技术问题和缺陷。因此，申请人必须简明扼要、有根据地说明发明所要解决的技术问题，不得采用广告式的宣传用语。

为了实现所要解决技术问题的技术效果，申请人应当对所采取的技术方案进行清楚、完整的描述，以使人们一目了然地看出所要求保护的发明是什么、所要求保护的范围有多宽。这种表述应当与独立权利要求所记载的技术方案相一致。通常可以将独立权利要求的技术内容作为发明内容的主要部分，但是不允许采用“如权利要求 1 所述的……”的方式进行表述。另外，也可以通过对发明附加技术特征的描述，反映所述发明从属权利要求的技术方案。

申请人在说明书技术方案之后，还应当简明、客观地写明发明与最接近的现有技术相比所具有的有益效果，以使人们可以了解该发明是否具有“显著的进步”。

当一件发明专利申请中包含了多项发明时，申请人在发明内容部分中应当记载多个需要解决的技术问题以及与这些技术问题相对应的多个技术方案。

4. 附图说明

说明书有附图时，申请人应当对所有附图的图面作出说明。例如，一件发明名称为“燃煤锅炉节能装置”的专利申请，其说明书包括 4 幅附图，这些附图的图面说明如下（图略）：

图 1 是燃煤锅炉节能装置的主视图；

图 2 是图 1 所示节能装置的侧视图；

图 3 是图 2 中的 A 向视图；

图 4 是沿图 1 中 B-B 线的剖视图。

5. 具体实施方式（数值范围·等同物）

发明的具体实施方式是说明书的重要组成部分，它对于充分公开、理解和实现发明，支持和解释权利要求都是极为重要的。因此，申请人应当通过具体实施例或者实施方式的表述，教导所属领域的技术人员如何实施所要求保护的发明，以达到充分公开该发明的目的，所以申请人在撰写具体实施方式时，应当特别慎重，千万不可大意。

下面对申请人在撰写具体实施方式时应注意的一些问题进行具体说明。

(1) 附图标记或者符号的引入

通常发明专利申请都备有附图，所以在撰写具体实施方式时，一般是从附图的描述开始，并且根据附图的顺序进行解说。在描述过程中，应当将附图中的标记或者符号随各部件的说明而引入。例如，一件关于小夜灯的发明专利申请，该申请中有两个实施例，分别由图 1 和图 2 表示。因此，在撰写该发明的具体实施方式时，可以从附图开始，即“图 1 是本发明的一种小夜灯，该灯是由一字形的灯管 1、U 形的带电插头的灯座 2 及管状灯罩 3 组成，灯管 1 安置在带电插头的灯座 2 的 U 形间，灯罩 3……。图 2 是本发明的另一实施例，该灯是由 U 形的灯管 1、圆形的带电插头的灯座 2 及圆柱形灯罩 3 组成，灯管 1 安置在带电插头的灯座 2 的圆形平面上，圆柱形灯罩 3……”。在该说明书的描述中，虽然图 1 和图 2 中的标号 1、2 和 3 分别表示的是不同构型的灯管、带电插头的灯座及灯罩，但是在描述图 1 的过程中，所引入的标号 1、2 和 3 就是指图 1 中的灯管、带电插头的灯座和灯罩，而在描述图 2 的过程中，所引入的标号 1、2 和 3 肯定应当是图 2 中所说的灯管、带电插头的灯座及灯罩。由于描述是分别针对图 1 及图 2 进行的，显然不应当会因为标号相同而将图 1 描述的部件标号 1、2 和 3 的构型误认为图 2 中相同标号部件的构型，反之亦相同。所以，在对附图进行描述时所引入的附图标号或者符号是不需要加括号的，因为所引入的标号或者符号就是表示所说明的附图中所示的具体构型的部件（强调具体实施方式中所引入的标号或符号不加括号是为与权利要求中所引入的标号或符号必须加括号进行区别，加括号的理由将在第三章权利要求书的撰写要点中说明）。

（2）发明涉及数值范围

当发明对现有技术的贡献涉及数值范围时，通常应当给出该数值范围两端值附近，最好是两端值的实施例。如果涉及的数值范围较宽，应当至少给出 3 个实施例，即两端值和中间值的实施例。

通常，数值范围是用两端值之间加一横杠来表示，例如 5－10 即表示 5～10 这样一个数值范围。这种标识符方法也是技术领域中惯用的方式。其含义不言而喻，表明两个端值之间的所有数值都隐含在两个端值之间的那一横杠内，也就是说，在两端值之间所加的那一横杠是人们都知道的该两端值之间的全部数值。但是，在专利申请中，原始提交的申请文件，如果只记载了以两端值加一横杠来表示的一个数值范围，那么在提交了申请文件之后，再想通过修改将该数值范围之间某个或者某部分范围的数值补充到说明书中，是不允许的，会以该修改超出原申请记载的内容而被驳回。

人们不禁要问，原始申请文本中所记载的数值范围明明已公开了该数值范围中所包含的全部数值，为何不允许通过修改将其明示？

为得到答案，还需从专利本身说起。专利是技术和法律相结合的一种制度，既要求以技术的术语对所要求保护的发明进行表述，又要求这种表述符合法学规则。从法学的角度讲，只有明确记载的才被认为是公开的，才能作为判断是非的依据。因此，数值范围用两端值加一横杠表示时，法律上只认为公开了两个端值，而两端值间所加的一横杠是没有任何含义的。要表述一个数值范围就必须将两个端值之间的数值逐个进行记载。试想一下，要将一个数值范围其间的每个数值进行记载是何等的困难，实际上也是无法实现的。为此，在专利制度中，数值范围的表示是以法律和技术之间的折中结果来实现的。这就是在专利申请文件中，数值范围允许以两端值之间加一横杠来表示，但是该两端值之间的数值不被认为是已公开的数值。因此，原始申请的文件中，对该数值范围中未记载过的具体数值就不允许在提交专利申请之后再要求通过修改进行具体限定，否则将根据专利法有关规定，以修改超出原申请记载的范围予以驳回。

然而，在发明专利申请被授予专利权之后，该发明所涉及数值范围中未具体记载过的任何一个数值构成的该发明技术方案都应当受到专利保护，也就是说，任何人未经该发明的专利权人许可，实施由该发明专利申请文件中记载的两个端值及两端值之间未被记载的任何一数值所形成的技术方案都构成侵权。

由于存在对数值范围的这种规定，申请人在撰写具体实施方式时应当认真考虑是否需要公开更多的实施例，以免申请之后没有机会补充。

（3）发明涉及机械领域

这里所说的机械领域是广义的，即除了真正的机械产品外，还包括其他领域中由零部件组装的产品，例如照相机半导体器件以及微波炉等。

当发明对现有技术的贡献为机械领域的产品时，应当清楚地表述该产品各组成零部件的位置和连接关系，特别是该产品中改进部分的零件和/或部件与其邻近部分之间的位置和连接关系。这种关系一般应当以零部件之间的上、下、左、右、前、后、里或者外所在位置的组合关系来说明。这种组合关系不应当是机械的堆积，而应当是通过所表述的组合，能够使本领域技术人员实现该产品所要达到的功能。

(4) 发明涉及电路

电路装置是由电子元器件和/或部件通过电连接构成的。因此，应当对构成电路装置的必要元器件和/或部件以及它们之间的连接和必要的功能特性进行清楚的描述。电子元器件和/或部件之间的连接关系可以采用它们之间的导线连接表述，或者采用电信号的传递过程来表述，也可以部分电路采用导线连接，部分电路采用电信号的传递来表述。但是，不管采用哪种方式进行表述，都应当是为了清楚、简明地说明所要求保护的发明是一个能够实现所述技术效果的电路回路装置。

如果发明是利用已有功能的芯片对现有电路装置进行改进，应当将所采用芯片的型号、性能以及连接关系等描述清楚，以使所属技术领域的技术人员能够实施该发明。特别是当将现有技术明确规定不能与其他芯片串联、级联的两个独立使用的芯片直接连接后用到现有电路装置中，构成改进发明时，在实施方式的撰写中，一定要将每个芯片的基本性能介绍清楚，并且对芯片之间互联的各个管脚的性能、初始化进行描述，同时还应当将芯片之间的相互作用表达清楚。因为，针对这种将两个独立使用的芯片，在其管脚之间没有添加任何驱动单元和信号转换单元，而直接相连接后来实现某项技术的情况，一定要进行软件上的初始化和控制，否则两个芯片无法进行工作。因此，如果不充分对软件的初始化及各种性能进行说明，本领域技术人员将无法实施该发明。还有，为了解决现有技术中的问题，有时需要利用中间缓冲或转换单元来实现主控芯片和被控芯片的连接。因此，在撰写具体实施方式时，仅仅只说明“利用新的微处理器或者 CPU－5 被控芯片相连”，是无法使所属领域的技术人员实施该发明的，所以还必须对它们之间的具体相关连接关系进行详细描述。

(5) 发明涉及计算机程序

含计算机程序的发明是由计算机装置（硬件）根据所编制的新

的计算机指令运行，并且产生一定技术效果的发明。因此，计算机装置按照该程序的指令运行的过程就应当是该发明的技术方案。不难看出，该发明是一个动态的过程，所以应当以方法的形式表述。为了清楚、完整地描述该计算机程序如何指令计算机装置运行的主要技术特征，说明书应当给出该计算机程序指令计算机装置运行的主要流程图。

具体实施方式应当以所给出的计算机程序的流程为基础，按照该流程的时间顺序，以自然语言对该计算机程序的各步骤进行描述。对该计算机程序主要技术特征的描述程度，应当以本领域的技术人员能够根据实施方式中所记载的有关流程图的说明，编制出达到所述技术效果的计算机程序为准。在实施方式中，不需要记载计算机源程序，除非有必要时，可以用惯用的标记性程序语言，简短摘录某些部件的计算机源程序，以供参考。

如果含计算机程序的发明专利申请还包含对计算机装置的机构改进的改进型发明，其具体实施方式还应根据附图所给出的该计算机装置的结构图进行清楚、完整的描述，使本领域技术人员根据对该计算机装置的各硬件组成部分及其相互关系的说明能够实现该装置。

（6）发明涉及计算机汉字输入方法

要求保护的发明应当是计算机汉字的输入方法或者是计算机汉字信息处理方法，也就是将汉字编码方法与其可使用的特定键盘相结合，使计算机系统能够以汉字信息为指令进行程序的运行，所构成的计算机系统处理汉字的方法。

因此，在具体实施方式中，应当描述该汉字输入方法的技术特征，包括从组成汉字的所有字根中，选择确定数量的特定字根作为编码码元的步骤；将这些编码码元指定到所述特定键盘相应键位上的步骤；利用键盘上的特定键位，根据汉字编码输入规则输入汉字的步骤。必要时，还应当描述该输入方法所使用的键盘的技术特征，包括该键盘中各键位的定义以及各键位在该键盘中的位置等。总之，说明书通过描述的技术内容，应当使任何人按照所公开的汉字输入方法操作后，都能准确无误地获得所规定的汉字。

（7）发明涉及产品的使用方法

在机械或者电学领域中，改进型的发明由于结构的变更，可能发明的装置或者设备的运作与现有技术不同，因此关于如何操作或者使用该装置或者设备就需要提供使用说明，以使本领域技术人员能够理解和实施该发明。使用说明实际上是产品使用方法的说明。所以在表述了该装置或者设备的具体结构之后，还应当详细地按方法的顺序说明其操作或者使用的步骤。这种使用方法是因装置或设备的构成产生了变化而出现的，所以它是该装置或者设备的结构所具有的属性，并非发明本身，因此，这种使用方法不属于专利保护范畴，而是必须在说明书的具体实施方式中充分公开的技术内容。否则，本领域技术人员无法通过实施该发明来达到所述的技术效果。

（8）发明涉及方法

制造产品的方法是按制造过程的前后次序所进行的一些动作或者步骤。对改进型发明而言，可能只是对现有技术方法中的某个或者某几个步骤进行了改进，但是在具体实施方式中，对要求保护的发明方法的描述，应当体现的是一个完整的制造方法，即对从开始直至该产品制成的整个过程中的每个步骤以及各步骤中所涉及的材料、工具、设备和/或参数等都应按序说明，而不只是说明所改进的某个或某几个步骤。当然，对于所改进的步骤应当更具体、更详细地进行说明并给出实施方式，以使本领域技术人员能够理解和实现该方法。

（9）发明涉及化学领域

化学领域存在许多特殊的问题，在多数情况下，发明能否实施往往难以预测，必须借助于实验结果加以证实才能确认。因此，涉及的发明需要由实验结果予以证实的，申请人一定要在撰写的具体实施方式中提供必需的实验结果，否则将会由于未充分公开所要求保护的发明而被驳回。

在化学领域中，不同产品的技术特征相互不同，下面分别进行说明。

组合物

组合物的发明除了应当记载组合物的组分外，还应当记载各组分的化学和/或物理状态、可选择的范围、含量范围及其对组合物性能的影响等。特别应当注意，一个组合物中各组分含量百分数之和应当等于100%，几个组分含量范围应当符合以下条件：

某一组分的上限值+其他组分的下限值≤100；

某一组分的下限值+其他组分的上限值≥100。

化合物

化合物发明应当说明该化合物的化学名称及结构式（包括各种官能基团、分子立体构型等）或者分子式。对化学结构的说明应当明确到使本领域的技术人员能够确认该化合物的程度；并且应当记载与发明要解决的技术问题相关的化学、物理性能参数，例如各种定性或定量数据和谱图等，以使所要求保护的化合物能被清楚地确认。此外，对于高分子化合物，除了应当对其重复单元的名称、结构式或者分子式按照对上述化合物的相同要求进行记载外，还应当对其分子量及分子量分布、重复单元排列状态（如均聚、共聚、嵌段、接枝等）等要素作适当说明；如果这些结构要素未能完全确认该高分子化合物，则还应当记载其结晶度、密度、二次转变点等性能参数。

生物材料

由于许多生物材料具有随机和难以再现的特殊性，因此为了使所属领域的技术人员能够根据发明专利申请文件记载的内容实现其发明创造的内容，专利法对于完成发明创造所必须使用的生物材料提出了特殊的保藏要求，例如通过随机突变产生的新材料、实验室最新开发出且还未对外公布的材料、个人或单位拥有的不对公众提供的材料等，只要是申请日前公众不能获得的，申请人都应当在申请专利时，按照《专利法实施细则》的规定办理下列手续："（一）在申请日前或者最迟在申请日（有优先权的，指优先权日），将该生物材料的样品提交国务院专利行政部门认可的保藏单位保藏，并在申请时或者最迟自申请日起 4 个月内提交保藏单位出具的保藏证明和存活证明；期满未提交证明，该样品视为未提交保藏；（二）在申请文件中，提供有关该生物材料特征的资料；（三）涉及生物材料样品保藏的专利申请应当在请求书和说明书中写明该生物材料的分类命名（注明拉丁文名称）、保藏该生物材料样品的单位名称、地址、保藏日期和保藏编号；申请时未写明的，应当自申请日起 4 个月内补正；期满未补正的，视为未提交保藏。"

这样的规定，申请人应当认真遵照执行。因为，如果没有按规定进行保藏，所属领域的技术人员即使了解了申请文件的内容，也无法获得该必要的生物材料而无法实施该发明，从而导致说明书未充分公开的后果。

生物化学

生物化学属于实验科学的范畴，对发明的用途和/或技术效果的可预见性较低，技术方法一般必须依赖实验结果加以证实才能成立。所以，申请人应当记载对于本领域技术人员来说，足以证明发明的技术方案可以实现所述用途和/或达到预期效果的定性或者定量的实验数据。

（10）发明涉及显著的技术效果

显著的技术效果，应当是本领域技术人员预料不到的技术效果。涉及这样的发明，应当有记载或者有实验证据来证明，以达到使所属领域的技术人员能够确信的程度。如果试图通过实验证据来证明预料不到的技术效果，应当将发明与现有技术方案进行对比，而且两者的技术方案应当具有可比性，且所述技术效果应当是在平行的实验条件下作出的。

（11）发明涉及克服技术偏见

发明是长期以来由于偏见而被人们普遍摒弃的技术方案。除了应当清楚、完整地表述如何实施该技术方案，还应当详细说明并提供该技术方案与现有同类技术方案进行比较的实验数据或者技术效果，以使本领域技术人员确认该发明是克服了偏见，是能够实施的，且具有突出的实质性特点的技术方案。

随着科学技术日新月异的发展，申请专利的发明涉及的技术问题会越来越广，越来越新颖。但是不管发明涉及什么样的技术领域，申请人在撰写说明书时，只要牢牢掌握说明书应当清楚、完整地说明所要求保护的发明，使本领域的技术人员根据所描述的实施方式能够实现该发明的原则，就不会由于说明书公开不充分而丧失获得专利权的机会。

另外，申请人还应当注意，实施例或者实施方式公开的多少，应当关系到该发明所要求保护范围的大小。

一般情况下，说明书对发明中的某一特征给出两个实施方式就可以具有一个宽的保护范围。不过有的发明要获得宽的保护范围，对其某一特征还必须给出两个以上的实施方式才能成立。然而，在一定条件下，也存在对发明中某一特征只给出一个实施方式就能获得宽的保护范围的情况。这里所说的条件就是根据所公开的唯一实施方式的描述，本领域技术人员清楚知道现有技术中存在可以替代该实施方式来实现同样功能的其他技术手段。因此，由于存在可以替代的技术手段，该发明的实施方式从所公开的一个变成两个甚至多个，从而该发明要求保护的宽范围能够得到支持。例如，说明书中只给出包括弹簧片的一个实施例，而在该发明中，利用弹簧来替代该实施例中的弹簧片也可以获得同样的效果，并且这种替代对本领域技术人员是显而易见的。因此，该发明公开的不仅仅是包括弹簧片一个实施例，而且存在包括弹簧的另一个实施例。所以，该发明要求保护一个宽的范围是无可非议的。又如，说明书中只给出了一个包括限位开关的实施例，但是本领域技术人员明了，采用现有技术中的光电管或者应变片可以代替该实施例中的限位开关，所以该发明所要求保护的宽范围实际上得到了 3 个实施例的支持。

在现有技术中，对本领域技术人员是显而易见的、可实现与实施例等同功能的替代技术手段被称为“等同物”。

关于多个实施例或者实施方式为何能使发明具有宽的保护范围，以及如何体现发明所具有的宽保护范围，将在第三章进行论述。

二、说明书附图

附图是说明书的组成部分，但不是绘制在说明书中，而是单独绘制成件。

附图的作用在于用图形补充说明书文字部分的描述，使人能够直观地、形象化地理解发明的每个技术特征和整体技术方案。在机械和电学领域中，附图的作用尤其明显。因此，说明书附图应当清楚地反映发明的内容。

一件发明专利申请有多幅附图时，在用于表示同一实施方式的各幅图中，表示同一组成部分，即同一技术特征或同一对象的附图标记应当一致。说明书中和附图中使用的相同附图标记应当表示同一组成部分。说明书文字中未提及的附图标记不得在附图中出现，附图中未出现的附图标记也不得在说明书文字部分提及。

附图中除了必需的词语外，不应当含有其他的注释；但是，对于流程图、框图一类的附图，应当在其框内给出必要的文字或符号解释。

申请人在提交发明专利申请前，应当认真查阅说明书中的附图说明与所绘制的附图是否对应，是否存在不相符合或者缺少附图的情况，以免在提交申请之后再进行补交附图，导致该发明专利申请的申请日是以向专利局提交或者邮寄附图之日为申请日。而申请日的改变，有可能会影响申请人的权利。当然，在不影响理解发明的情况下，不进行附图的补交，只是删除说明书中某个缺图的附图说明，则申请日仍保持原先提交该发明专利申请的日期。

三、说明书摘要

摘要是说明书记载内容的概述，使读者易于查阅和了解发明。

摘要的内容不属于发明原始记载的内容，不能作为申请之后修改说明书或者权利要求书的根据，也不能用来解释专利权的保护范围。具体地说，记载在摘要中的技术内容，如果在说明书和权利要求书中并无记载，而要求将其补入说明书或者权利要求书中是不被允许的，这种补入超出原始申请记载范围，显然更不能作为解释专利保护范围的依据。因此，说明书摘要仅仅是一种技术信息，而不是具有法律效力的内容。

摘要应当写明发明的名称、所属技术领域、所要解决的技术问题、所采取的技术方案和所要达到的技术效果。其中，以独立权利要求的技术方案为主。摘要的文字部分，包括标点符号在内不得超出 300 个字，一方面是为了达到简明的目的，另一方面也是因为公布时受版面的限制。对于摘要的内容，不得使用商业性宣传用语。另外，摘要的文字中引入附图标记时，应当加括号（加括号的理由与权利要求中附图标记加括号的理由相同）。

第三章　权利要求书的撰写要点

一件发明专利申请应当有权利要求书，用以说明所要求保护的发明以及发明要求保护的范围。

专利所保护的发明是指产品或者方法。发明是通过权利要求来体现的。因此，所要求保护的发明是采用记载有产品权利要求和/或方法权利要求的权利要求书来说明的。然而，专利法有关规定中指出，权利要求书应当有独立权利要求，也可以有从属权利要求，一份权利要求书中应当至少包括一项独立权利要求，还可以包括从属权利要求。所以，所要求保护的发明，具体落实到权利要求书中时，应当以产品的独立权利要求及其从属权利要求和/或方法的独立权利要求及其从属权利要求来表述。而《专利法》第二十六条第四款规定："权利要求书应当以说明书为依据，清楚、简要地限定要求专利保护的范围。"因此，发明所要求保护的范围应当是在权利要求书中，由根据说明书概括出的技术特征所限定的权利要求来表述。另外，权利要求的撰写方式也应符合有关法律的规定。

通过上述简短的说明，不难得出，看似简单的一件发明专利申请的权利要求书却包含很多深层的法律内容。如果能够理解和掌握这些法律内容，就应当能够撰写出一份符合专利法规定的权利要求书。为此，下面将对这些法律内容分别进行具体的说明。

一、权利要求的类型

（一）按专利法对发明的规定分类

1. 产品权利要求

产品包括：材料、工具、装置、机器、部件、电路、设备等。

产品权利要求是通过构成产品的技术特征所限定的技术方案来表述的。具体地说，产品权利要求的技术方案应当采用构成产品的组成部分及它们之间组合关系的技术特征来描述。产品权利要求的技术方案体现的是一件静态的物。虽然在所表述的技术方案中，可能存在对某个或某些组件采用了功能性的或者用途性的限定用语，但不应当改变产品权利要求静态特性的实质。

2. 方法权利要求

方法包括：制造方法、通信方法、处理方法、测量方法以及将产品用于特定用途的方法等。

方法权利要求应当采用按时间先后顺序完成的动作来表述。方法权利要求体现的是一种动态的技术方案。虽然方法权利要求中，需要涉及进行活动时所采用的材料、工具、装置及设备等产品，但不应当改变方法权利要求动态特性的实质。

由于产品权利要求应当采用结构特征来表述一个完整、可实施的具体产品。因此，有的发明人认为产品权利要求保护的范围较窄。产生这样结论的理由是，在侵权诉讼时，是将专利权人提供的侵权产品与获得专利权的产品权利要求中的技术特征进行逐一对比，当对比结果完全相同时，才判为侵权，使人感觉，似乎产品权利要求获得保护的仅仅限于该产品权利要求所表述的那个具体产品。出现这种误解完全是因为发明人对专利保护的实质没有深入了解。

实际上，专利保护的是发明构思。而发明构思则是通过产品权利要求的技术方案或方法权利要求的技术方案来体现的。在侵权诉讼中，虽然是将专利权人提供的被控侵权产品（或方法）与所保护的产品（或方法）权利要求中的技术特征逐项进行对比。但是，这种对比并不是机械性的。如果对比的结果，所有技术特征都完全相同时，则为侵权。但是，如果对比的结果存在部分技术特征相同，部分技术特征不同，或者全部技术特征都不相同时，就会采用等同原则进行对比。所谓等同原则，是指采用与所保护的产品（或方法）的技术方案基本相同的方式，实现基本相同的功能，从而获得与所保护的产品（或方法）基本相同的技术效果。具体地说，侵权诉讼时，是将专利权人所提供的侵权产品与所保护的产品权利要求技术方案中相对应的技术特征，一一进行对比，以确定它们之间是相同和/或等同的。如果通过对比，它们之间不仅有相同还有等同，或者全部都是等同，则无疑属于侵权。例如，1974 年美国（加拿大）授予专利权的电视机发明，[1] 该发明的电视机是由显像管以及具有许多功能不同的电路部分组合构成的。其中，各个不同功能的电路部分都是由分离的电子元器件，即真空管、电阻、电容、电感等电连接组成。20 世纪 70 年代之后，半导体器件、集成电路等发明的陆续出现，使人们可以采用集成电路来代替分离的电子元器件形成等同的功能电路。因此，在美国（加拿大）对该电视机专利保护期间内，制造、生产、销售等利用集成电路置换真空管等分离元件组成的电路部分构成的电视机都属于侵权行为。这就是采用了等同原则判定的结果。这也说明，在 1974 年获得专利权的电视机发明并非只能够保护权利要求明确记载的，由真空管等分离元件构成的电视机，而

---

[1] 该发明是美国无线电公司（RCA）于 20 世纪 50 年代发明的，当时由于“二战”刚刚结束，所以只在美国和加拿大提交了专利申请，又由于种种原因，该申请直到 1974 年才授权并公布。

是在专利权有效期内，使通过该发明权利要求记载的技术方案体现的发明构思得到充分的保护。

在实务中，产品权利要求相对于方法权利要求更易获得保护。这是因为在侵权诉讼中，对产品的取证相对简单直接，专利权人只须提供侵权产品，就可以进行对比判定；而方法侵权诉讼的取证就不那么容易，甚至相当困难。所以，通常认为产品获得专利权后，相对于方法专利来说其保护力度是比较强的。

在此顺便提一下，这里所述的等同原则与在说明书具体实施方式中提到的等同物是两个不同的概念，不应当将它们混为一谈。

（二）按专利法对权利要求书的规定分类

1. 独立权利要求

独立权利要求应当是从整体上反映发明的技术方案，应当采用为解决所述技术问题的必要技术特征来表述。

必要技术特征是指，为解决发明所述的技术问题而不可缺少的技术特征。这些技术特征构成了所要求保护产品或者方法发明的技术方案，也就是产品或者方法的独立权利要求的技术方案。所以，独立权利要求的技术方案应当是明显区别于现有技术的技术方案。

由于独立权利要求是由构成发明的必要技术特征表述的，因此对所表述的发明来说是技术特征最少的技术方案，也就是说，是对所要求保护的发明来说限定条件最少、保护范围最大的技术方案。发明能获得宽的保护范围，是发明人最期望的结果。然而，过分强调独立权利要求中技术特征越少，保护范围越宽，而忽略了独立权利要求必须是为解决所述的技术问题，由构成发明的必要技术特征组成的技术方案的主要前提，从而导致申请人在撰写独立权利要求时，为减少限定的技术特征而省略了构成独立权利要求的技术方案中某个或某些必要的技术特征，使得撰写的独立权利要求不能反映所要求保护的发明，也无法实现发明所要解决的技术问题。这是因为，必要技术特征对于构成产品或者方法的独立权利要求的技术方案来说，是必不可缺的技术特征，缺少其中之一，就不能构成解决发明所述技术问题的独立权利要求，甚至所构成的独立权利要求表述的是一个不完整的产品或者方法。在实质审查程序中，申请人不得不按照专利法的有关规定，对这样撰写的独立权利要求重新进行撰写。这种本来可以避免的缺陷的出现，既给申请人增加了多余的程序，又延迟了专利申请的审查结案时间。例如，2009 年 12 月 24 日，国家知识产权局专利复审委员会对申请日为 2002 年 3 月 13 日、优先权日为 2001 年 3 月 13 日、发明名称为“用于自动转换电力的方法和装置”的发明专利申请作出的第 21741 号复审请求审查决定。该申请于 2009 年 1 月 9 日被驳回。在驳回决定中，主要驳回理由是：“该主体部分还应当包括一个‘辅助侧面’以及‘辅助侧面’的相关技术特征，这是本发明为解决其所要解决的技术问题必不可少的技术特征，因此，权利要求 1 不符合《专利法实施细则》‘独立权利要求应当从整体上反映发明的技术方案，记载解决技术问题的必要技术特征’的规定。”该驳回决定是根据该申请原说明书记载的内容判定的。该申请在说明书中明确说明“本申请所要解决的技术问题是提供一种自动转换开关，其可以容易地装配和安装并易于限位开关和开关部件完全对准，而不需要在装配和安装的时候进行调整。为此，不仅需要将螺线管侧面限位开关装置中的限位开关与螺旋管侧面安装板相固定，使得该螺线管侧面限位开关装置通过螺线管侧面安装板连接于主体部分的螺线管侧面，同时需要将辅助侧面限位开关装置中的限位开关与辅助侧面安装板相固定，并使得该辅助侧面限位开关装置通过辅助侧面安装板连接于主体部分的辅助侧面。”不难看出，此件申请在说明书中确实强调了要解决该发明的技术问题，**“不仅需要……”，“同时需要……”**的技术特征，也就是说，独立权利要求 1 中，主体部分除了包括螺线管侧面以及螺线管侧面的相关技术特征外，还必须包括一个辅助侧面以及辅助侧面的相关技术特征。但是，申请人对驳回决定不服，于 2009 年 4 月 23 日向专利复审委员会提交了复审请求书，复审理由依然指出辅助侧面不是独立权利要求 1 中必不可少的特征。专利复审委员会依法成立合议组对该案进行了复审，并于 2009 年 10 月 19 日向该复审请求人发出了复审通知书，其中指出了说明书所公开的上述内容，并确定独立权利要求 1 缺少解决其技术问题的必要技术特征，不符合专利法有关独立权利要求的规定。复审请求人于 2009 年 11 月 23 日提交了意见陈述书，并提交了修改后的权利要求书，其中将主体部分的“辅助侧面”和“辅助侧面”的相关技术特征加入到独立权利要求 1 中。专利复审委员会合议组于 2009 年 12 月 24 日作出了第 21741 号复审请求审查决定，该决定指出修改后的独立权利要求 1 已经克服了复审通知书和驳回决定中指出的不符合专利法有关对独立权利要求的规定的缺陷。根据专利法规定的程序，该发明专利申请应当返回原实质审查部继续进行实质审查程序。

通过上述案例可以看出，由于申请人未按照专利法有关独立权利要求应当从整体上反映发明的技术方案、记载解决技术问题的必要技术特征的规定，省略了构成独立权利要求 1 中的部分必要技术特征，并且坚持不进行修改，直到通过复审程序才克服这种本不应当存在的缺陷。该发明专利申请从 2009 年 4 月 23 日到 2009 年 12 月 24 日，历时 8 个月，花费了不必要的时间、精力及资源后，又返回到原审查部重新开始实质审查的程序。这种缺陷直接损害的显然是申请人自身的利益。所以，申请人在撰写好独立权利要求后，一定要认真核对是否缺少必要的技术特征。通常可以按照独立权利要求记载的技术特征，绘制出产品的结构图或者方法的流程图，然后，再对照说明书记载的、所要解决的技术问题，查明独立权利要求是否是该发明所要解决的技术问题的一项完整的技术方案。

2. 从属权利要求

从属权利要求，顾名思义不是独立权利要求，而是从属于另一项权利要求的一项权利要求。具体地说，它包含了另一项同类型权利要求中的所有技术特征，并且用附加的技术特征对该项权利要求的技术方案作进一步的限定。

由于从属权利要求用附加的技术特征对所从属的权利要求作进一步的限定，因此其保护范围落在所从属的权利要求的保护范围，且其保护的范围显然比所从属的权利要求要窄。

对于一项独立权利要求，在其之后，可以有几项从属权利要求。

从属权利要求是为了保护申请人的利益而形成的。这是由于申请人在撰写权利要求书时，通常是无法准确掌握与他所申请发明的独立权利要求技术方案有关的全部现有技术，因此，采用附加技术特征对独立权利要求作进一步限定的从属权利要求，在独立权利要求由于新颖性或者创造性被驳回时，该独立权利要求的从属权利要求就可以作为新的独立权利要求请求保护，从而有可能使申请人由此获得较窄范围的专利权。设想，假如申请人在权利要求书中只撰写了一个独立权利要求，那么，当该独立权利要求被驳回后，申请人就丧失了有可能获得较窄范围发明的保护机会。在第二章第一（二）节“5. 具体实施方式（数值范围・等同物）”中所提到的“小夜灯案例”中，假如某独立权利要求 1 表述的是安装在带有电插头的灯座上的灯管以及罩在灯管上的灯罩。从属于独立权利要求 1 的从属权利要求 2 的附加技术特征是所述的灯管为一字型。从属于从属权利要求 2 的从属权利要求 3 的附加技术特征是所述带电插头的灯座为 U 型。从属于从属权利要求 3 的从属权利要求 4 的附加技术特征是所述一字型灯管的长变为 3 厘米，直径为 1 厘米。如果在实质审查程序中，依据现有技术中日光灯的对比文献，使独立权利要求 1 及从属权利要求 2 丧失新颖性，从属权利要求 3 丧失创造性，而从属权利要求 4 由于一字型灯管尺寸超小于日光灯，显然解决了日光灯无法在夜间进行微弱光照明的效果，因此，从属权利要求 4 就可以改写为该申请的独立权利要求，并可获得专利保护。试想，如果申请人在申请时，只撰写了上述的独立权利要求 1，那么，该申请尽管在说明书中公开了一字型灯管的具体尺寸，但由于独立权利要求 1 中并未涉及，因此，该申请只有被驳回的结果，而无法获得任何利益。

通过上述对从属权利要求与独立权利要求之间关系的说明，不难看出，一项发明，其从属权利要求中的附加技术特征应当也是与发明所要解决的技术问题相关。例如，一项有关转笔刀的发明专利申请，该申请是针对现有技术中的转笔刀会使削下的铅笔屑散落在周围各处，影响环境清洁而进行的改进，其独立权利要求 1 为一种转笔刀由带有插铅笔圆孔的刀座，安置在刀座上的刀片以及封闭扣装在刀座上的收集笔屑罩。从属于独立权利要求 1 的从属权利要求 2 的附加技术特征为所述收集笔屑罩上具有一个可打开的窗口（说明书中说明该窗口便于将笔屑倒出）。从属于权利要求 1 或 2 的从属权利要求 3 的附加技术特征为所述收集笔屑罩是由含 10％～60％（重量份数）的 A 和90％～40％（重量份数）的 B 组成的材料制成（说明书中对该材料作了充分的公开，这种新材料透明度高，且防静电性能高，使罩中收集的笔屑不容易被吸附在罩壁上。另外，由于该新材料也是一项发明，所以该材料也可以同时提交有关该材料的发明专利申请）。从属于从属权利要求 2 的从属权利要求 4 的附加技术特征是在所述窗口接有一吸尘器（说明书中说明可由该吸尘器直接将笔屑吸出）。从属于从属权利要求 4 的从属权利要求 5 的附加技术特征是所述吸尘器具有……结构（说明书中对该吸尘器的结构作了公开）。在该案例中，从属权利要求 2、3 和从属权利要求 4 中的附加技术特征都是为了收集削下的笔屑而进行的限定，虽然从属权利要求 3 涉及的是一种新的材料，但是，该新的材料的配方及制造方法在说明书中被充分公开，使本领域技术人员能够实现，将该新的材料用来制造转笔刀的收集罩，便于观察罩中收集的笔屑是否已充满，同时由于其抗静电能力强而便于彻底清除罩中的笔屑，所以，在此作为附加技术特征进行限定是允许的。然而，从属权利要求5的附加技术特征则是与笔屑的收集和收集笔屑罩毫无关系的吸尘器结构，因此是不被允许的，理由从从属权利要求的产生和作用也可以说明，这就是当该申请中的权利要求1～4都被驳回后，根据从属权利要求的作用，从属权利要求5将成为该转笔刀发明专利申请的独立权利要求。此时，该独立权利要求涉及的是吸尘器结构，显然已不是原申请所要求保护的发明，由此说明，从属权利要求中不应当存在与发明所要解决的技术问题毫无关系的附加技术特征。

另外，从属权利要求对发明所共有的现有技术特征也可以作进一步的限定。例如，发明涉及自行车的车座，该发明的权利要求书中的从属权利要求用自行车具有两个车轮作为附加技术特征进行限定是允许的，不过这种限定对该车座发明的新颖性或创造性的改善是没有任何作用的。

上述对从属权利要求应当遵循的原则虽然都是以产品发明的从属权利要求为例进行说明的，但是，这些原则同样适用于方法发明的从属权利要求，在此不再重复。

通过以上对权利要求类型的分析，似乎看起来权利要求有多种多样。然而，实际上，权利要求只有两类，这就是产品独立权利要求及其从属权利要求和/或方法独立权利要求及其从属权利要求。只不过是根据上述分类说明，产品独立权利要求应当是以产品的技术特征进行表述的独立权利要求；方法独立权利要求应当是以方法的技术特征进行表述的独立权利要求。

二、权利要求应该满足的条件

从专利制度的发展过程看，权利要求是申请人为了使人们能够清楚地知道他所要求专利保护的发明是什么，以及要求保护的范围有多宽而从说明书公开的内容中概括产生的。因此，权利要求与说明书所公开的内容紧密相关、不可分离。为此，在各国专利法中，对权利要求与说明书的关系都有类似而明确的规定。我国专利法中也无例外地对权利要求及说明书的关系作了规定。《专利法》第二十六条第四款规定："权利要求应当以说明书为依据，清楚、简要地限定要求专利保护的范围"。所以，当一项发明的权利要求类型被确定后，如何根据发明所要解决的技术问题及说明书公开的内容来撰写出既能符合专利法有关规定的要求，又能体现出所要求保护的发明，并且还可获得最宽保护范围的权利要求就需要申请人慎重而认真的研究。为此，下面将对权利要求应当满足的条件进行具体说明。

1. *以说明书为依据*

权利要求应当以说明书为依据，是指权利要求的技术方案中的每个技术特征应当在说明书中找到出处，并且所要求保护的范围应当得到说明书的支持。

具体地说，权利要求应当由说明书记载的一个或者多个实施例或者实施方式概括而成。这里所述的概括体现在两个方面：其一是通过具体实施例或者实施方式概括形成独立权利要求的技术方案；其二是从多个具体实施例或者实施方式中，对相应的结构、材料或者动作进行概括，形成采用"装置（方法）+功能"表述的功能性技术特征。

如何根据具体实施例或者实施方式概括形成独立权利要求，可以通过一个案例进行说明。

案例3-1　**一种便携式牙刷**

本发明要解决的问题是使牙刷、牙膏合成一体，便于携带和使用。说明书中公开了如下的两个具体实施方式。

实施方式一：便携式牙刷是由牙刷本体、兼作刷柄的盒体和软袋牙膏组成，牙刷本体与盒体用铰链连接，盒体形状是细长方体，盒体上壁有一个形状、大小与刷毛相应的开口，当牙刷折叠起来放置时，牙刷刷毛正好扣入此开口中，盒体底部开有一个孔，置于软袋牙膏下方的一压板上有凸块，该凸块从所述的孔中伸出，软袋牙膏放置在压板上，带有牙膏盖的软袋牙膏的出膏口与盒体上壁开口的位置相对应。盒体一端有端盖，其内壁有 2 至 4 个突起，它与盒体侧端外壁上的开口相卡紧。

实施方式二：便携式牙刷是由牙刷本体、兼作刷柄的盒体和软袋牙膏组成，牙刷本体与盒体用铰链连接，盒体形状是细长方体，盒体上壁有一个形状、大小与刷毛相应的开口，当牙刷折叠起来放置时，牙刷刷毛正好扣入此开口中，在盒体远离刷毛那一端设置了一块可移动板来代替实施方式一中所说的压板，该可移动板侧面有一个突出的拨块，盒体壁上与此拨块相对应的位置处开有一条沿盒体长边走向的长条形槽，可移动板上的拨块从此长条形槽中伸出，沿着长条形槽拨动拨块时，可以使可移动板沿着盒体长边方向移动，从而挤压软袋牙膏。

根据上述公开的两个具体实施方式，就可以着手撰写独立权利要求。

首先，应当根据实施方式所述内容概括出由必要技术特征组成独立权利要求的技术方案。由于每个实施方式都是能够实现所要求保护发明的一种方式，所以本案的两个实施方式就应当分别概括出两个并列的权利要求的技术方案。

权利要求 1：一种便携式牙刷，由牙刷本体、兼作刷柄的盒体和置于盒体内的软袋牙膏组成，牙刷本体和盒体之间为可折叠连接，盒体的上壁上有一个形状、大小与刷毛相应的开口，该开口的位置可使牙刷本体的刷毛通过该开口扣入盒体中，软袋牙膏的出膏口与扣入开口的刷毛的位置相对应；盒体底部开有一个孔，置于软袋牙膏下方的一压板上有凸块，该凸块从所述的孔中伸出。

权利要求2：一种便携式牙刷，由牙刷本体、兼作刷柄的盒体和置于盒体内的软袋牙膏组成，牙刷本体和盒体之间为可折叠连接，盒体的上壁上有一个形状、大小可与刷毛相应的开口，该开口的位置可使牙刷本体的刷毛通过该开口扣入盒体中，软袋牙膏的出膏口与扣入开口的刷毛的位置相对应；在盒体远离刷毛开口的那一端设置一块可移动板，该可移动板的侧面有一突出的拨块，在盒体壁上与此突出的拨块相对应的位置处，开有一条沿着盒体长边走向的长条形槽，可移动板上的突出拨块从此长条形槽中伸出，该突出拨块可沿此长条形槽移动。

当概括出两个并列权利要求的技术方案之后，就应当将两个技术方案进行对比，从中可以发现由于具有凸块的压板和具有突出拨块的可移动板所构成的相应的装置的不同而使得所概括出的并列的两个权利要求的技术方案存在差异。然而，这两个装置虽然结构不同，但在各自的技术方案中都具有“用于挤压盒体内软袋牙膏”的相同功能，因此将该两个不同结构的装置概括成采用上述功能性技术特征限定的装置，即将所说的两个相应的但结构不同的装置概括成“挤压软袋牙膏”的装置，从而可以将上述两个并列权利要求的技术方案撰写成一个含有“挤压软袋牙膏装置”的功能性技术特征的权利要求。也就是说，该权利要求所含的功能性技术特征[1]是由说明书所公开的两个具体实施方式中结构不同、功能相同的相应技术特征概括形成的，因此构成了该发明所要求保护范围最宽的独立权利要求。

独立权利要求1：一种便携式牙刷，由牙刷本体、兼作刷柄的盒

---

[1] 这里所说的含功能性技术特征（以下简称“含功能性特征”），是指在独立权利要求中用于组合的、对现有技术作出贡献的一个技术特征是用功能性特征限定的，该功能性限定的技术特征，是由说明书所公开的多个实施方式中相同功能的不同结构或动作概括形成的“装置+功能”或者“步骤+功能”来表述的。

体和置于盒体内的软袋牙膏组成，牙刷本体和盒体之间为可折叠连接，盒体上壁上有一个形状、大小与刷毛相应的开口，该开口的位置可使牙刷本体的刷毛通过该开口扣入盒体中，软袋牙膏的出膏口与扣入开口的刷毛的位置相对应，盒体中有一个挤压软袋牙膏的装置。

该独立权利要求覆盖了原先的两个并列权利要求保护的范围，而该两个并列的权利要求则分别成为该独立权利要求的从属权利要求。

分析：从上述案例中，了解了独立权利要求如何由具体实施方式概括形成的过程后，申请人完全可以在概括独立权利要求技术方案的同时对相应功能的特征进行技术特征的概括，从而一次性地完成独立权利要求的撰写。

当说明书中仅公开一个具体实施方式时，显然只存在技术方案的概括而不存在技术特征的概括。也就是说，在一个具体实施方式的情况下，独立权利要求中不可能存在由概括形成功能性表述的技术特征，即使人为撰写成功能性技术特征，也不能被允许，因为得不到说明书的支持。当然，如果在提供一个实施方式时，还存在由等同物形成的实施方式，则独立权利要求中就会含有由概括形成的功能性技术特征。例如，在第二章有关说明书的具体实施方式中所提及的一项发明公开了含有“限位开关”组成的一个实施方式，而现有技术中，光电管和应变片可以代替限位开关起到同样的功能，所以在概括产生的独立权利要求中就存在将它们概括形成的功能性技术特征，即将限位开关、光电管和应变片概括成“终止位置检测”装置的功能性技术特征。另外，还应当注意，在由具体实施方式概括形成独立权利要求的技术方案时，不仅组合成技术方案的所有技术特征应当得到说明书的支持，而且技术方案所涉及的技术范围也应当得到说明书的支持。例如，一项有关处理合成树脂成型物来改变其性质的方法发明，其说明书中只给出处理热塑性树脂成型物方法的实施方式。然而，合成树脂还应包括热固性树脂，但说明书中并未涉及，所以该发明要求保护的有关处理合成树脂成型物来改变其性质的方法得不到说明书的支持，能得到说明书支持的只是一种热塑性树脂成型物的处理方法。

一般来说，说明书中公开两个实施方式（包括等同物构成的）时，独立权利要求中会有概括形成的功能性技术特征。但是在有的情况下，即使在说明书中公开多个实施方式，也不能概括形成得到说明书支持的含功能性特征的技术方案。

案例 3-2

例如，2008年6月12日，国家知识产权局专利复审委员会对申请日为2003年9月3日、名称为“校正波阵面错误的透镜及其光学拾取器和校正方法”的第03147052.1号发明专利申请作出的第13643号复审请求审查决定。该案在实质审查阶段，由国家知识产权局实质审查部门于2007年2月16日发出驳回决定，驳回决定针对的权利要求书中的权利要求1、29、33、34。这些权利要求的内容如下：

“1. 具有多个物镜的光学拾取器，其中多个物镜中的至少一个配置为使得主要由多个物镜中的所述至少一个的倾斜产生的波阵面错误类型与主要由光线入射到多个物镜中的所述至少一个的角度产生的波阵面错误类型相同，由此通过调整光入射到物镜的角度来校正由物镜倾斜产生的波阵面错误。”

“29. 具有至少一个光源和单物镜的光学拾取器，其中配置单物镜，使得主要由物镜倾斜产生的波阵面错误的类型与主要由光入射到物镜上的光轴的角度产生的波阵面错误的类型相同，由此通过调整光入射到物镜的角度来校正由物镜倾斜产生的波阵面错误。”

“33. 透镜，配置为使得主要由透镜倾斜产生的波阵面错误的类型与主要由光入射到透镜上的光轴的角度产生的波阵面错误的类型相同，由此通过调整光入射到物镜的角度来校正由物镜倾斜产生的波阵面错误。”

“34. 一个光学拾取器，包括：一个或多个光学单元光源，它们中的每一个发射光束；以及配置一个或多个物镜，使得主要由物镜倾斜产生的波阵面错误的类型与主要由该一束或多束光入射到该一个或多个物镜上的光轴的角度产生的波阵面错误的类型相同，由此通过调整光入射到物镜的角度来校正由物镜倾斜产生的波阵面错误。”

分析：该发明的说明书中通过表 2－5 的数据说明该发明能够实施的实例。申请人对驳回决定不服，于 2007 年 5 月 31 日提出复审请求，并且在复审过程中未修改申请文件。合议组认为该申请权利要求概括了一个较宽的保护范围，说明书中记载的方案是以特定方式实现的。复审决定中指出：权利要求 1 得不到说明书的支持，不符合《专利法》第二十六条第四款的规定。该权利要求中的功能性限定“其中多个物镜的至少一个配置为使得主要由多个物镜中的所述至少一个的倾斜产生的波阵面错误类型与主要由光线入射到多个物镜中的所述至少一个的角度产生的波阵面错误类型相同，由此通过调整光入射到物镜的角度来校正由物镜倾斜产生的波阵面错误”概括了一个较宽的保护范围。而根据该申请说明书的记载，能够实现上述功能的物镜是由说明书中的表 2－4 的数据来实现的，即是以说明书实施例中记载的特定方式实现的，所属技术领域的技术人员不能明了此功能还可以采用说明书中未提到的其他替代方式来完成，因此上述功能性限定的技术特征不能被允许，权利要求 1 得不到说明书的支持。同理，权利要求 25、28、30、33、34 也得不到说明书的支持，不符合《专利法》第二十六条第四款的规定。

对申请人在针对复审通知书的意见陈述书中认为表 2－5 中的数据仅是示例，且表 2－4 中的设计物镜表面的形状参数以及采用特定材料是本领域技术人员所公知的手段，是几何计算和选择判断的过程。对此合议组认为：申请人在意见陈述书中也表明了申请是通过设计透镜的物镜表面/S1/S2/S3/S4/S5/S6 图像表面各个面的，诸如曲率半径、厚度间隔等几何形状参数并采用特定材料来实现本申请中使得透镜倾斜产生彗形像差，并且光入射在透镜上的角度改变也产生彗形像差，从而通过调节光入射角度校正透镜倾斜产生的彗形像差的功能的，可见如何设计透镜的物镜表面的参数是能够实现上述功能的关键，但是该申请的说明书中没有提及如何通过几何计算和选择判断以实现上述功能的设计物镜表面的形状参数以及采用特定材料的过程，并且申请人也未提出任何证据证明能够实现所述功能的设计物镜表面的形状参数以及采用特定材料是本领域技术人员所公知的手段，而该申请说明书中仅仅例举了几个实现上述功能的参数表，所属技术领域的技术人员不能明了此功能还可以采用说明书中未提到的其他替代方式来完成（复审程序中的申请人即为复审请求人）。

上述案例提醒申请人对撰写好的权利要求书应当进行认真的审核，判断所撰写的权利要求是否是一项由技术特征组成的技术方案，是否是一项真正的含功能性技术特征的权利要求或者一项得到说明书支持的权利要求。根据专利法的立法原则和有关规定，纯功能性的权利要求是无法满足上述所述的三种情况中的任一情况，所以纯功能性权利要求是不能获得专利保护的，即使在说明书中公开了具体的实施例或者实施方式，也不可能改变被驳回的后果。

实际上，申请人根据自己在说明书表格中分别公开的不同数据的实施例所概括出多项独立权利要求的技术方案后，就应该发现，这些不同数据的关系是离散的，不可能将它们概括出上位概念的技术特征。所以在这种情况下，申请人应当以多项并列的独立权利要求的形式撰写该发明的权利要求书。只有这样，申请人才有可能使该发明获得专利保护。

下面通过一个案例，说明在实施例中提供了能够实施有关技术特征的设计方法，从而可以获得保护范围极宽的含功能性技术特征的权利要求。

案例 3-3　微波炉

该发明是申请人为了解决现有技术的微波炉中微波在炉腔内发生反射，使微波炉能量不能直接达到待加热的食物上，以及在侧壁上的反射导致微波能量的损耗从而降低加热过程的效率的缺陷而进行的改进。为达到所述目的，申请人在现有技术的微波炉中安置了一个凹面反射器，使由食物反射的微波送回到炉膛中心的一个区域，从而使微波又回到待加热的食物之上。由于微波能量集中射向炉膛的中心，因此能对食物非常有效地加热。

申请人在说明书中公开了一个实施例。该实施例对发明作了如下的说明：本发明的微波炉包括安置待加热食物的炉膛，通过波导管与炉膛内的旋转天线耦合的微波发生器，该旋转天线与炉膛的一个壁相邻，用于将微波发生器所产生的微波能量辐射到炉膛中，所述的与旋转天线相邻的炉膛壁是在所述旋转天线的后面，一个凹面反射器安置在旋转天线后面的所述炉膛壁上，所述凹面反射器基本上呈截头圆锥体形状，其圆顶有一个平面顶壁与后面的炉膛壁平行，旋转天线通过所连接的、起旋转作用的耦合传感器穿过圆顶凹面发生器的圆顶平面延伸到与所述炉膛壁结合在一起的波导管中。凹面反射器的几何形状可以基本上模仿光学反射镜的方式来设计。因此，凹面反射器的倾角主要与炉膛壁的几何尺寸以及炉膛内形状、天线的位置相关。对于现有技术中典型的微波炉炉膛几何尺寸来说，有用的倾角范围为 25°至 40°。凹面反射器的构形，使得通过该反射器所反射的微波能量集中到炉膛的中心，并直接射到待加热的食物上。因此能有效地加热食物。

申请人从说明书公开的实施例中概括出如下的独立权利要求："1. 一种微波炉，包括安置待加热食物的炉膛，通过波导管与旋转天线耦合的微波发生器，该旋转天线与炉膛的一壁相邻，用于将微波发生器所产生的微波能量辐射到炉膛中，旋转天线后面与之相邻的所述炉膛壁上安置有一个凹面反射器，用以向待加热的食物直射微波能量。"

分析：不难看出，该独立权利要求是一项含功能性技术特征的权利要求。该权利要求是由现有技术的微波炉的必要结构技术特征，改进部分的结构技术特征，即凹面反射器及其安置在炉膛内的位置，以及用功能性技术特征表述的凹面反射器几何尺寸组成的。所以，该独立权利要求是一个由必要技术特征形成的技术方案，并且在该技术方案中含有与改进结构有关的功能性的技术特征。因此，该独立权利要求不是一项纯功能性的权利要求。至于该独立权利要求是否得到说明书的支持，就需要核查说明书在实施例中所公开的具体内容。该申请的说明书在公开一个实施例来说明圆顶凹面反射器应当是截头圆锥体，且对于典型尺寸的微波炉而言，圆锥体的倾角为25°至40°的同时，还明确指出，凹面反射器的几何形状可以模仿光学反射镜的方式来设计。关于光学反射镜的设计是本领域技术人员公知的、可以实现的技术，而光学反射镜能使光经过反射后集中到一点上则是众所周知的常识。所以，在该发明中，根据不同尺寸的微波炉炉膛及天线位置所限定的尺寸，按照光学反射镜的设计，应当能够得到适合任何尺寸炉膛结构采用的凹面反射器的倾角值及具体结构，并且能使反射的微波能量直接射到待加热的食物上。因此，申请人所撰写的独立权利要求所涉及的宽的保护范围应当得到说明书的支持。而实施例中具体所述圆顶凹面反射器的倾角为25°至40°的技术特征，则可以作为该独立权利要求的从属权利要求之附加技术特征，用以限定独立权利要求中所含的功能性技术特征。

在该案例[1]中，由于申请人在实施例中明确教导人们按光学反射镜的设计方法来设计凹面反射器的几何形状，所以申请人可以将独立权利要求 1 撰写成含功能性技术特征的权利要求，从而使其发明得到最大范围的保护。当然，申请人也可以放弃如此宽的保护范围，将独立权利要求 1 撰写成实施例所述的典型尺寸的微波炉适用的、倾角为 25°至 40°的截头圆锥体的圆顶凹面反射器。然而，如果申请人在说明书中，并未指出凹面反射器是按光学反射镜的设计方法进行设计，那么，独立权利要求 1 只能限定在所述的典型尺寸微波炉所用的范围内，而不允许采用功能性特征来表述凹面反射器的几何形状，否则将会以得不到说明书的支持而被驳回。

含功能性技术特征的权利要求并非只限于产品权利要求，方法权利要求中同样存在含功能性技术特征。例如，申请日为 2000 年 4 月 30 日、申请号为 00106196.8、名称为“制造圆柱形电容器下电极、圆柱形电容器和半导体器件的方法”的发明专利申请。在该申请中，独立权利要求 1 是一项含功能性技术特征的方法权利要求。

案例 3－4

本案发明的方法，是针对现有技术在制造圆柱形电容器下电极的方法中，采用垂直入射光进行曝光，因此在圆柱形电容器的孔内不能留下足够多的光刻胶，用于保护其内的导电膜，也不能彻底去除孔外的光刻胶，从而造成圆柱形电容器下电极间短路，导致生产率降低的缺陷而提出的。该方法对曝光步骤进行了改进，采用相对于垂直于半导体衬底方向的入射角在 10°以内的光线不超过晶片上整个入射光的 50%。为实现所述的曝光条件，说明书中给出了 5 个实施例。在实施

[1] 该案例摘编自《欧洲专利律师资格考试资料汇编》中“1993 年电学/机械试卷”。阅卷讲评指出，存在适当的功能性技术特征，而没有限制凹面反射器的任何特定几何形状的前提下，应试人才能得到最高分数。

例一中，利用多角镜，在Y轴方向移动晶片，从而对晶片的整个表面进行曝光。在实施例二中，将晶片固定于工作台上，在曝光步骤中，利用$\theta=35°$的斜入射光中的宽平行束。该斜入射光的宽平行束应大到足以至少覆盖晶片表面上的所有半导体元件。在实施例三中，晶片固定于绕旋转轴旋转的工作台上。斜入射光中的宽平行束通过利用包括会聚透镜、光阑和准直透镜的光学系统形成。在实施例四中，利用还原投影曝光系统进行曝光，首先从光源发射的入射光由反射镜会聚，在穿过延迟透镜后，在光积分器的作用下被均匀化。然后，入射光在σ光阑接受对它的分辨率调节，并进入准直透镜，被设置和合并成平行束。之后，光进入原版，并通过包括第一投影透镜、NA光阑和第二投影透镜的还原光学系统行进，然后进入晶片表面。在上述曝光系统中，光学系统设置成使光网上的垂直入射光直接垂直进入晶片。另外，到达光网表面上的斜入射光也斜向进入晶片。在实施例五中，与实施例四的不同在于将限制角度的滤光片（第一光瞳滤光片和第二光瞳滤光片）加到还原投影曝光系统的光学系统中。

申请人根据本发明所要解决的技术问题，从所公开的实施例中，概括形成本发明独立权利要求1的技术方案如下：

“1. 一种制造半导体器件的圆柱形电容器下电极的方法，包括以下步骤：

在形成了半导体元件的半导体衬底上，形成层间绝缘膜；

在所述层间绝缘膜的预定区域中，开出一凹下部分，将该部分用作圆柱形电容器下电极的模具；

在包括所述凹下部分的内壁的所述层间绝缘膜上，在不改变凹下部分形状的条件下，形成导电膜；

用正型光刻胶厚厚地涂敷所述导电膜，填充所述凹下部分；

曝光所述导电膜上的所述光刻胶，同时保留所述凹下部分内的所述光刻胶；

进行显影，选择性去除所述导电膜上的所述光刻胶，同时保留所述凹下部分中的所述光刻胶；

进行深腐蚀，其中利用腐蚀，选择性去除所述层间绝缘膜上的所述导电膜，同时保留所述凹下部分内的所述导电膜；及

进行剥离，去除所述凹下部分内的所述光刻胶；其中

在所述曝光步骤中，至少是在所述下电极形成区中的曝光要满足：相对于垂直于半导体衬底方向的入射角在10°以内的光线，不超过晶片上整个入射光的50%。”

分析：方法的实施是通过依序操作构成该方法的若干必要步骤来完成的。方法中的每一个步骤都是通过操纵某种工具或者设备来执行的，因此在方法的独立权利要求中，就应当明确表述每个步骤所采用的工具或者设备。然而，许多方法中的步骤需要采用何种工具或者设备，对于所属技术领域的技术人员而言是显而易见的，因此在撰写的方法权利要求中并非都需要明确记载。例如，在该案中，“在形成了半导体元件的半导体衬底上，形成层间绝缘膜”的步骤对于所属技术领域的技术人员来说是公知的技术手段，所以不需要在该步骤中再具体记载利用何种设备来进行。但是，在该案中，曝光步骤应当满足的条件不是利用现有技术产生垂直入射光曝光的手段能够达到的，所以申请人必须给出实现该发明中曝光步骤所采用的设备。因此申请人在说明书中给出了5个实施例，其中的差别就是曝光步骤采用的设备不同。按照根据实施例概括独立权利要求的方法，申请人可以从5个实施例中概括形成5项方法独立权利要求。这5项独立权利要求的差别在于曝光步骤采用的设备不同，但又都能实现相同的功能，所以申请人依然可以将该5项方法权利要求中的曝光步骤进行概括形成功能性的技术特征，从而得到含功能性技术特征的方法独立权利要求1。

2. 清楚

权利要求书撰写得是否清楚，直接影响对发明所要求保护范围

的确定。

权利要求书应当清楚，不仅是要求每一项权利要求应当清楚，而且要求构成权利要求书的所有权利要求作为一个整体也应当清楚。

根据对清楚程度的要求，申请人在撰写权利要求书时，应当注意以下的问题：

每项权利要求的主题名称应当清楚。如果是产品，就应当以产品名称作为权利要求的主题名称；如果是方法，则应当以所要求保护的方法作为发明的主题名称。不允许采用模糊不清的主题名称，例如，“一种……结构”“一种……技术”等。

产品的权利要求应当采用体现产品结构的技术特征表述，方法权利要求应当由实现该方法的步骤，按前后执行的顺序描述。

权利要求中不应当使用含义不确切的用语，例如“厚”“薄”“强”“弱”“高温”“低温”“很宽范围”等，除非这种用语在特定技术领域中具有公认的确切含义，例如“高频”“低频”，它们在电学领域中已有明确的频率范围。另外，权利要求中也不允许用“例如”“最好是”“尤其是”“必要时”“约”“接近”“等”这样的用语，否则将导致权利要求所限定的保护范围不清楚。

如果为了便于公众理解某个技术特征而引用附图标记时，权利要求中应当对所引用的标记加括号。这是因为，在多个实施例情况时，就会有多幅附图，而其中对同一组成部分的附图标记应当采用相同的标记，引入权利要求中的标记仅提供理解，并不表示具体是哪一幅附图中所示的结构，例如，在第二章中所提及的“小夜灯”，其附图 1、2 中，标号 1、2、3 所表示的是不同结构的灯管、灯座及灯罩，当权利要求中集中灯管、灯座及灯罩时，需要引入附图标记，则可撰写成：“一种小夜灯，由灯管（1）、灯座（2）及灯罩（3）组成……”。此时，标记（1）、（2）、（3）只说明灯管、灯座及灯罩，并不代表是附图 1 还是附图 2 中的具体哪种结构的灯管、灯座及灯罩。权利要求中的用词应当清楚。一般来说，所用词句应当与说明书上所用词句一致，否则容易导致权利要求得不到说明书的支持。例如，2007年7月31日，国家知识产权局专利复审委员会对申请日为1996年2月9日、名称为“用于检查位于物料带上的图样的装置与方法及此物料带”的第96190788.6号发明专利作出的第10447号无效宣告请求决定。

在该案中，专利权利要求1中的特征（d）概括的是：比较器将输出信号的组合顺序与预定的信号顺序比较，若两者顺序相似，则产生比较器达到输出信号。然而，专利说明书中与权利要求1上述特征（d）对应的，共出现过6次描述“若来自检测器8、9的输出信号顺序相同于一预定的信号顺序，则输出17即启动且……”。由于该发明在说明书中仅给出“相同”情况实施例，而对“相似”情况并未描述，尽管专利权人强调“相似”和“相同”有实质上相同的含义，但是从本领域技术人员来讲“相似”的判断是难于预先确定或评价处理的，是不清楚的。因此，权利要求1得不到说明书的支持。

通过上述案例，申请人在撰写权利要求时，应当尽量采用与说明书相同的用词。当然，在特定情况下，如果说明书中指明了某词具有特定的含义，并且使用了该词的权利要求的保护范围，由于说明书中对该用词的说明而被限定得足够清楚，也是允许的。

最后，构成权利要求书的所有权利要求作为一个整体也应当清楚，即权利要求之间的引用关系应当清楚。

3. 简要

撰写权利要求书时，应当使每一项权利要求所表述的内容简明扼要。

权利要求是由技术特征的集合形成的技术方案表述的。因此，在权利要求中，除了记载技术特征外，不应当记载有关发明产生或者形成的理由，以及对有关发明内容的种种解释，更不应当存在有关商业性宣传的用语。即使记载的是技术内容，也应当记载的是构成权利要求的技术方案所必要的技术特征，以使权利要求所表述的内容简短明了。

下面通过一个极其简单的改进发明的案例来说明所撰写的权利要求应当简要的必要性。同时，通过满足撰写简要的要求，可以进一步体会到独立权利要求应当采用构成发明的必要技术特征组合形成的技术方案进行表述的重要性。

案例 3-5　一种污泥清扫车

现有技术的污泥清扫车，具有储存污泥槽，在该槽的上部安置有可自由旋转的连接管，该连接管的一端插入储存污泥槽中，另一端在储存污泥槽外面，与吸管相连接。由于所述连接管插入储存污泥槽中的一端是与所述槽的底部垂直。因此，当污泥清扫车工作时，连接管带动所述吸管旋转，通过该吸管收集进入储存污泥槽内的污泥从连接管插入所述槽中的一端落下时，基本是堆积在所说插入端的下部附近，无法充满该储存污泥槽的全部空间，从而降低了污泥清扫车的工作效率。对现有技术的污泥清扫车存在的上述缺陷，本发明对现有技术的污泥清扫车进行了改进。本发明所进行的改进是将所说连接管插入所说储存污泥槽中的那一端连接一弯管。所说弯管的长度应当≤60mm；所述弯管的弯曲部分偏离所说连接管轴线为30°～45°；弯管出口端为圆形，也可以做成扁圆形。当污泥清扫车作业时，由于所述的连接管的旋转，使其外端所连接的吸管和其插入储存污泥槽中一端所连接的弯管随之一起旋转，从而使吸管收集的污泥能够通过所述弯管，在所述储存污泥槽中均匀分布、堆积，结果使储存污泥槽的空间被充分利用，增加了污泥的装填量，提高了工作效率。

根据公开的实施例，可以概括形成独立权利要求为：“1. 一种收集污泥清扫车，包括储存污泥槽，安置在该槽上部，一端插入该槽内，可以自由旋转的连接管，所述连接管插入所述槽内的一端接有一弯管。”如果有人认为污泥清扫车还包括车体、车轮、操作室、控制台等技术特征，应当记载在独立权利要求中，那么试想一下，将这些技术特征都加入上述概括形成的独立权利要求中，显然会使得如此简单改进的发明的技术方案变得烦杂、冗长且无法一目了然地得出发明对现有技术的改进是什么。所以，为了保证权利要求的简要性，不应当将构成发明、与发明改进部分没有直接关系且为所属技术领域的技术人员公知的那些现有技术的技术特征记载到权利要求中。

三、权利要求撰写的规定

目前，绝大多数的发明都是针对现有技术中某个技术方案存在的缺陷作出的改进，也就是所说的改进型发明。这些发明由于是以现有技术的技术方案为基础，所以构成发明的独立权利要求中的必要技术特征，不仅有对现有技术作出改进的技术特征，还应当有与作为基础的现有技术方案中相同的技术特征。通常在描述一项发明时，发明人往往会将与现有技术相同的技术特征和改进部分的技术特征混在一起表述，从而使公众无法清楚该发明对现有技术的贡献，即对现有技术作出改进的是什么。为此，在《专利法实施细则》中，对权利要求的撰写方式作了如下的规定。这种撰写方式也是当前大多数国家所采用的方式。

1. 独立权利要求撰写的规定

“发明或者实用新型的独立权利要求应当包括前序部分和特征部分，按照下列规定撰写：

“（一）前序部分：写明要求保护的发明或者实用新型技术方案的主题名称和发明或者实用新型主题与最接近的现有技术共有的必要技术特征；

“（二）特征部分：使用‘其特征是……’或者类似的用语，写明发明或者实用新型区别于最接近的现有技术的技术特征。这些特征和前序部分写明的特征合在一起，限定发明或者实用新型要求保护的范围。”

从上述规定可以看出，独立权利要求分两部分撰写的目的就是要使公众更清楚地看出在独立权利要求的全部技术特征中，哪些是发明与最接近的现有技术所共有的技术特征，哪些是发明区别于最接近的现有技术的技术特征。这种撰写规定只是撰写形式上的安排，并没有改变独立权利要求所表述的发明及所限定的保护范围。

但是，申请人由于未能真正理解独立权利要求的两部分撰写的目的，在撰写独立权利要求时，往往不知从何处着手写起。其实，只要申请人将其发明的技术方案中与发明最接近的现有技术中相同的技术特征和对现有技术作出改进的技术特征分成两个部分，然后用“其特征是”将这两部分的技术特征组合在一起，就能形成按两部分撰写的独立权利要求。例如，在前面所说的污泥清扫车案例中，独立权利要求未按两部分规定撰写，为此申请人按照《专利法实施细则》的规定应当将该发明的独立权利要求撰写成：“1. 一种收集污泥清扫车，包括储存污泥槽，安置在该槽上部，一端插入该槽内，可以自由旋转的连接管，其特征在于，所述连接管插入所述槽内的一端接有一弯管。”又如在本章中引用过的“铸铁制造的电炒锅”及“微波炉”两个案例，都是按一般技术方案进行表述的，并未按照两部分方式撰写它们的独立权利要求。因此，按两部分方式的规定，应当将该两个案例的独立权利要求分别撰写成如下形式：

1. 一种用铸铁制成的电炒锅，由锅体、电热盘、电热元件和底座组成，其特征在于，锅体和电热盘浇铸成一个整体件，电热盘的底平面上开有向下开口的凹槽，凹槽内放置电热元件，凹槽下方的开口用压板封闭。

1. 一种微波炉，包括安置待加热的食物的炉膛，通过波导管与旋转天线耦合的微波发生器，该旋转天线与炉膛的一壁相邻，用于将微波发生器所产生的微波能量辐射到炉膛中，其特征在于，所述旋转天线后面与之相邻的所述炉膛壁上，安置有一个凹面反射器，用以向待加热的食物直射微波能量。

以上撰写的独立权利要求都属于产品独立权利要求的两部分撰写的案例。当改进发明为方法时，方法独立权利要求则不能按照两部分规定撰写。因为方法是按步骤的先后顺序来实现的，而改进的方法发明只是对现有技术的方法中的某个或某几个步骤进行改进。例如，现有技术的方法是由 10 个步骤组成的，发明只是对该方法中的第二、第五和第九个步骤进行了改进。此时，如果按照两部分规定撰写方法独立权利要求，势必打乱原来的步骤顺序，这种前后步骤顺序跳跃的表述，显然破坏了人们对方法的正常思维过程，从而导致所表述的方法变得不清晰。所以，方法独立权利要求的撰写可以按组成方法的顺序表述，不适合采用两部分规定撰写。例如，按本章中介绍过的“制造圆柱形电容器下电极圆柱形电容器和半导体器件的方法”所表述的方式撰写即可。

另外，一项发明应当只有一个独立权利要求，并写在同一发明的从属权利要求之前。

2. 从属权利要求撰写规定

“发明或者实用新型的从属权利要求应当包括引用部分和限定部分，按照下列规定撰写：

“（一）引用部分：写明引用的权利要求的编号及其主题名称；

“（二）限定部分：写明发明或者实用新型附加的技术特征。

“从属权利要求只能引用在前的权利要求。引用两项以上权利要求的多项从属权利要求，只能以择一方式引用在前的权利要求，并不得作为另一项多项从属权利要求的基础。”

这是《专利法实施细则》中对从属权利要求撰写的规定。

从上述规定中可以看出，从属权利要求也是由两部分组成。但是，从属权利要求的两部分和独立权利要求的两部分存在实质上的差别，千万不可混为一谈。

独立权利要求的两部分是采用法定“其特征在于”用语将构成独立权利要求的技术方案中必要的现有技术特征与对现有技术有贡献的技术特征联系在一起，起到划界的作用。而从属权利要求，顾名思义是从属于别的权利要求，属于从属权利要求的第一部分显然应当是将其所要从属的权利要求的全部内容引入。但是，为了简明起见，法律规定只需引用所从属的权利要求的编号及其主题名称即可；组成从属权利要求的第二部分则是采用发明的附加技术特征对所从属的权利要求作进一步的限定。因此，从属权利要求的两部分之间不存在“划界”问题，也不存在用“其特征在于”的用语的问题。下面通过前文中曾介绍过的“污泥清扫车”案例，具体说明独立权利要求与从属权利要求的关系。

案例 3-6 “污泥清扫车”的权利要求书

1. 一种收集污泥清扫车，包括储存污泥槽，安置在该槽上部，一端插入该槽内，可以自由旋转的连接管，其特征在于所述连接管插入所述槽内的一端接有一弯管。

2. 根据权利要求 1 所述的污泥清扫车，其中，所述弯管的出口端为圆形。

3. 根据权利要求 1 所述的污泥清扫车，其中，所述弯管的出口端为扁圆形。

4. 根据权利要求 1 或 2 或 3 所述的污泥清扫车，其中，所述弯管与所述连接管相连接部分是一段直管。

5. 根据权利要求 4 所述的污泥清扫车，其中，所述的直管长度≤60mm。

6. 根据权利要求 1 或 2 或 3 所述的污泥清扫车，其中，所述的弯管的弯曲部分偏离所述连接管轴线为 30°～45°。

7. 根据权利要求 4 所述的污泥清扫车，其中，所述的弯管的弯曲部分偏离所述连接管轴线为 30°～45°。

8. 根据权利要求 5 所述的污泥清扫车，其中，所述的弯管的弯曲部分偏离所述连接管轴线为 30°～45°。

由上述所撰写的权利要求书，可以得出以下几点申请人在撰写从属权利要求时必须注意的问题。

（1）一项发明的从属权利要求，不论是直接从属于其独立权利要求 1，如该案中的权利要求 2、权利要求 3、权利要求 4 及权利要求 6，还是间接从属于其独立权利要求 1，如该案中的权利要求 5、权利要求 7 及权利要求 8，都是对该发明的独立权利要求 1 的技术方案进行限定。所以从属权利要求的引用部分中都含有该发明的独立权利要求 1 的全部内容。而独立权利要求 1 的全部内容，必然存在法定用语“其特征在于”。显然，从属权利要求的限定部分不应当用“其特征在于”与引用部分连接，否则会导致技术方案在逻辑上的混乱。

下面以本案的从属权利要求 2 为例，说明在从属权利要求中采用“其特征在于”连接引用部分及限定部分所造成的后果。我们将权利要求 2 引用的技术特征引入，从而得到从属权利要求 2 为：“一种收集污泥清扫车，包括储存污泥槽，安置在该槽上部，一端插入该槽内，可以自由旋转的连接管，其特征在于所述连接管插入所述槽内的一端接有一弯管，其特征在于所述弯管的出口端为圆形。”这样在不采用简化引用部分撰写方式的权利要求 2 中，存在两处“其特征在于”，显然使人无法理解在该技术方案中，对现有技术的改进部分到底是什么。

当然可能有人会说，这样撰写的目的是当独立权利要求被否定时，从属权利要求就可以作为独立权利要求，那时“其特征在于”

就是应当写在用于限定的附加技术特征之前。但是，这个理由根本不成立。因为，当独立权利要求因无新颖性而被否定时，由于需要针对现有技术进行重新划界，才将原独立权利要求中的“其特征在于”移至附加技术特征之前；当独立权利要求因无创造性而被否定时，原独立权利要求中的“其特征在于”用语并不需要变动，只需增加附加的技术特征即可。总之，一项权利要求中，只应当有一个“其特征在于”的法定用语，也就是“其特征在于”用语只存在于独立权利要求中，从属权利要求中不应当采用。如果从属权利要求都采用“其特征在于”，试想一下，在间接引用独立权利要求的从属权利要求中，将会出现许多个“其特征在于”的连接用语。那么，这样表述的从属权利要求又应当如何理解呢?

所以，按语言正常叙述的习惯，从属权利要求中，采用“其中”用语将引用部分和限定部分连接成一个技术方案恰恰表明了附加技术特征是对所引用权利要求中的技术特征进行限定的作用。

（2）从属权利要求所引用的权利要求应当是在该从属权利要求前面所表述的权利要求。

（3）从属权利要求引用其前面的多项权利要求时，所引用的编号之间应当采用“或”连接，特别要注意的是，不应当采用“和”连接，否则导致技术方案的混乱。

（4）从属权利要求引用其前面的权利要求时，不仅要注意引用的权利要求的编号，还应当注意技术方案是否存在矛盾。例如在该案中，如果权利要求 3 引用了权利要求 2，那么导致人们不清楚所述弯管的出口端到底是圆形还是扁圆形，这样构成的技术方案的内容显然是自相矛盾的。又如权利要求 5 引用权利要求 1 或 2 或 3 时，也导致矛盾。因为权利要求 1 或 2 或 3 中并未记载所述的直管，该直管是在权利要求 4 中才出现的。

（5）多项从属权利要求表明该权利要求已经引用了两项以上的权利要求，因此为了使引用关系清楚简明，就不允许再被其后的多项从属权利要求引用，否则引用关系会更加复杂，难免出现自相矛盾的问题。权利要求 4 就不能被权利要求 6 所引用，因为它们都是多项权利要求。

申请人在掌握了独立权利要求和从属权利要求的撰写规定后，在撰写过程中，还应当注意以下事项。

（1）权利要求的保护范围是由权利要求中记载的全部内容构成的一个整体来限定的，是表述了一个不可分隔开的、完整的技术方案，所以每一项权利要求只允许在其结尾处使用句号。

（2）一项权利要求，如果其技术特征相对较少，可以用一个自然段一气呵成地表述，但是当技术特征较多、内容相互关系较复杂、借助于标点符号难以将其关系表述清楚时，一项权利要求也可以用分行或者分小段的方式描述。当然对于方法权利要求来说，显然更应当按步骤分段表述。

（3）权利要求书有一项以上权利要求的，应当用阿拉伯数字顺序编号。

（4）权利要求中使用的科技术语应当与说明书中使用的科技术语一致。权利要求中可以有化学式或者数学式，但是不得有插图。除绝对必要外，权利要求中不得使用“如说明书……部分所述”或者“如图……所示”等类似用语。绝对必要的情况是指当发明涉及的某特定形状仅能用图形限定而无法用语言表达时，权利要求可以使用“如图……所示”等类似用语。

（5）权利要求中通常不允许使用表格，除非使用表格能够更清楚地说明发明要求保护的主题。

四、案　例

通过对发明专利申请文件撰写规定、撰定要求以及撰写方式的说明，申请人应当能够基本清楚说明书和权利要求书必须满足的条件是什么。为了使申请人能够更进一步地掌握专利法有关说明书及权利要求书撰写的规定，以使所申请的发明不仅能够获得专利保护，而且能够获得最大的保护范围。本部分给出以下案例，供申请人参考。

案例 3-7　便携式牙刷

本案原为一实用新型专利申请，并被《专利代理教程》采用的典型案例。笔者认为该案的技术内容简明，涉及的法律问题比较典型，便于说明和理解。因此，在本书中，将该案改写为一件发明专利申请，以利于对以下要点的理解。

1. 产品权利要求；
2. 单一性；
3. 非电学领域的含功能性技术特征的权利要求；
4. 保护范围。

案例 3-8　用于病人组织的电麻醉设备

要点：

1. 电路产品权利要求；
2. 电学领域的含功能性技术特征的权利要求；
3. 保护范围。

案例 3-9　光盘数据再生装置中转轴马达的速度控制方法

要点：

1. 含计算机程序的发明；
2. 方法权利要求；
3. 保护范围。

案例 3－7

说　明　书

便携式牙刷

技术领域

本发明涉及一种牙刷，特别涉及一种由牙刷本体、兼作牙刷柄的盒体和软袋牙膏组成的便携式牙刷。

背景技术

日本实用新型公开说明书JP-实开昭××-××××公开了一种牙刷、牙膏袋在携带时合成一体的旅行牙刷，此旅行牙刷也有一个可兼作牙刷柄的盒体，此盒体容积比市场上见到的便携式牙刷的盒体略大些，其内可放置一管旅行用的小包装牙膏袋，携带时也可将此小包装牙膏袋从盒体上开口放到兼作牙刷柄的盒体内，因此三者在携带时成为一体，比较方便。但是，在每次使用该牙刷时，还必须从盒体中取出软袋牙膏，用毕后再放回。

发明内容

本发明的目的是提供一种使用、携带更方便的便携式牙刷，不仅携带时牙刷与软袋牙膏合成一体，而且在使用时，不必从盒体中来回取放软袋牙膏即可刷牙。

为达到上述目的，本发明的便携式牙刷由牙刷本体、兼作牙刷柄的盒体和位于盒体内的软袋牙膏组成，牙刷本体与盒体之间是可以折叠连接；在盒体的上壁处有一开口，其形状、大小与刷毛相应，该开口的位置可使牙刷本体上的刷毛通过该开口扣入盒体中；软袋牙膏放入盒体后，其出膏口的位置与扣入开口的刷毛位置相对应；盒体中有一个挤压软袋牙膏的装置，当刷牙时，拨动该挤压装置，就可以将牙膏从出膏口挤到牙刷刷毛上。

采用这样的结构后，由于盒体上壁设置了放置刷毛的开口，携带时就能保持刷毛干净，符合卫生要求；又由于牙膏出膏口位置与刷毛扣入开口的位置相对应，盒体中又有一个挤压软袋牙膏的装置，因此使用时不必取出牙膏软袋，就可将牙膏挤在刷毛上，进行漱洗。

下面结合附图和具体实施方式对本发明作进一步详细的说明。

附图说明

图 1 是本发明的便携式牙刷的一个具体实施方式的剖视图；

图 2 是本发明的便携式牙刷的另一个具体实施方式的剖视图。

具体实施方式

图 1 所示的便携式牙刷是由牙刷本体 1、兼作刷柄的盒体 2 和软袋牙膏 4 组成，牙刷本体 1 与盒体 2 用铰链 3 连接，盒体形状是细长方体，盒体上壁有一个形状、大小与刷毛 7 相应的开口 8，当牙刷折叠起来放置时，牙刷刷毛 7 正好扣入此开口 8 中，盒体底部开有一个孔 5，置于软袋牙膏下方的一压板 6 上有一凸块 13，该凸块 13 从所述的孔 5 中伸出，软袋牙膏 4 放置在压板 6 上，带有牙膏盖 11 的软袋牙膏的出膏口 12 与盒体上壁开口 8 的位置相对应。盒体一段有端盖 9，其内壁有 2 至 4 个突起 14，它与盒体 2 侧端外壁上的开口 10 相卡紧。

图 2 所示的便携式牙膏为本发明的另一个实施方式。该便携式牙刷是由牙刷本体 1、兼作刷柄的盒体 2 和软袋牙膏 4 组成，牙刷本体 1 与盒体 2 用铰链 3 连接，盒体形状是细长方体，盒体顶壁有一个形状、大小与刷毛 7 相应的开口 8，当牙刷折叠起来放置时，牙刷刷毛 7 正好扣入此开口 8 中，在盒体远离刷毛那一端设置了一块可移动板 15 来代替图 1 中所说的压板 6，该可移动板 15 侧面有一个突出的拨块 16，盒体壁上与此拨块 16 相对应的位置处开有一条沿盒体长边走向的长条形槽 17，可移动板 15 上的拨块 16 从此长条形槽 17 中伸出，沿着长条形槽 17 拨动拨块 16 时，可以使可移动板 15 沿着盒体长边方向移动，从而挤压软袋牙膏。

使用时，将牙膏本体 1 转动一个角度，打开牙膏旋盖 11，再将牙刷本体 1 转回，使刷毛 7 靠在出膏口 12 上，用手按一下压板 6 上的凸块13或拨动可移动板15上的拨块16，即可将牙膏挤在刷毛7上，再将牙膏本体1转动180度伸直，盖上牙膏盖11即可刷牙。

当然，便携式牙刷中挤压软袋牙膏的装置还可采用其他结构，例如，目前市场上可以买到的青岛日用化工厂生产的马牌润面油的挤压装置，就可以安置在本发明便携式牙刷盒体内起到挤压软袋牙膏的装置。同样，牙刷本体与盒体之间的连接不局限于铰链连接，还可采用其他活动连接方式，如卡入式连接；兼作刷柄盒体的截面形状也可为半圆形、半椭圆形或其他适用形状。

说 明 书 附 图

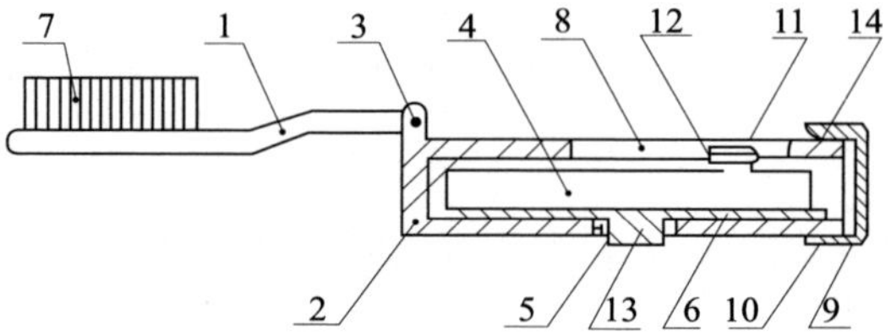

图 1

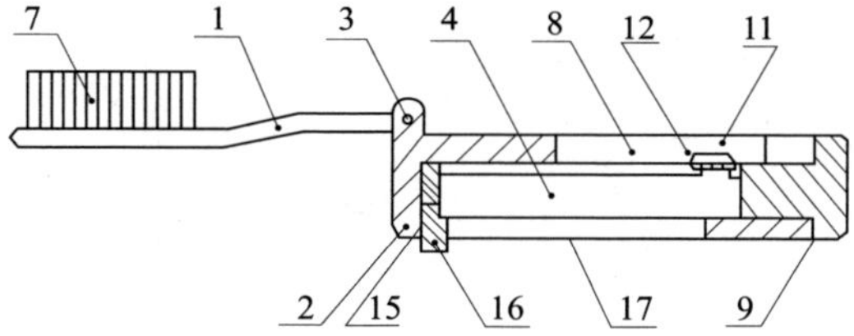

图 2

权 利 要 求 书

1. 一种便携式牙刷，由牙刷本体（1）、兼作刷柄的盒体（2）和置于盒体内的软袋牙膏（4）组成，牙刷本体和盒体之间为可折叠连接，其特征在于，盒体（2）的上壁上有一个形状、大小与刷毛（7）相应的开口（8），该开口（8）的位置可使牙刷本体的刷毛（7）通过该开口（8）扣入盒体中，软袋牙膏（4）的出膏口（12）与扣入开口（8）的刷毛（7）的位置相对应；盒体中有一个挤压软袋牙膏（4）的装置。

2. 根据权利要求1所述的便携式牙刷，其中，所述的挤压软袋牙膏（4）的装置是一个位于软袋牙膏下方、带凸块（13）的压板（6）；盒体的底壁上开有一个孔（5），凸块（13）从此孔（5）中伸出。

3. 根据权利要求1所述的便携式牙刷，其中，所述的挤压软袋牙膏（4）的装置是一块位于盒体（2）远离刷毛开口（8）的那一端设置的可移动板（15），该可移动板（15）的侧面有一突出的拨块（16），在盒体（2）壁上，与此突出的拨块（16）相对应的位置处，开有一条沿着盒体（2）长边走向的长条形槽（17），可移动板（15）上的突出拨块（16）从此长条形槽（17）中伸出，该突出拨块（16）可沿此长条形槽（17）移动。

4. 根据权利要求1或2或3所述的便携式牙刷，其中，该盒体上有一个可供更换软袋牙膏（4）的开口（10）和一个于此开口（10）相配的盖（9）。

说 明 书 摘 要

本发明公开了一种由牙刷本体（1）、兼作刷柄的盒体（2）和置于盒体内的软袋牙膏（4）组成的便携式牙刷，牙刷本体和盒体之间为可折叠连接，盒体上壁有一开口（8），牙刷刷毛（7）通过该开口扣入盒体中，软袋牙膏的出膏口与扣入的刷毛位置相对应，盒体中有一个挤压软袋牙膏的装置。使用时不必取出软袋牙膏，只需通过挤压软袋牙膏的装置就可将牙膏挤在刷毛上，从而便于携带及使用。

分析：(1) 便携式牙刷属于广义的机械领域的产品，所以其独立权利要求的技术方案是由构成该牙刷的必要部件、部件之间位置的相互关系、形状以及通过概括形成的功能性技术特征限定的装置来表述的。

值得关注的是，申请人在概括其中由功能性技术特征来限定的装置时，没有忘记给出该装置在该牙刷结构中的位置。这一点之所以重要，是因为有的申请人只注意了如何概括出功能性的技术特征，而忽略了概括出的功能性限定的结构在整个技术方案中所处的位置。例如，在该案中，如果申请人在独立权利要求中，只记载"有一个挤压软袋牙膏的装置"而将其前面的"盒体中"省略掉，那么，根据权利要求这样的记载，按绘图法进行绘图，就会发现用框图表示的"挤压软袋牙膏的装置"位置成为不确定的因素，因为不知道"挤压软袋牙膏的装置"应当绘制在所要求保护的便携式牙刷的盒体里面呢？还是外面呢？通过绘制法检查，可以确定"盒体中"这一技术特征应当是本发明独立权利要求中不可缺少的技术特征，否则，将导致所撰写的独立权利要求的技术方案不完整、不清楚，得不到说明书的支持。

(2) 申请人在该案的说明书中公开了两个具体的实施方式。这两个实施方式之间的差别是其中对挤压软袋牙膏的装置所采用的结构不同。一种结构是利用垂直方向产生的力来挤压软袋牙膏；另一种结构则是利用水平方向产生的力来挤压牙膏。因此，从发明的构思来分析时，由这两个具体的实施方式概括形成的两个独立权利要求之间显然不属于同一构思的发明。所以，如果将两个独立权利要求以并列的形式撰写在一件权利要求书中，由于存在单一性的问题而不能被允许。

但是，对功能相同、结构不同的技术特征进行概括时，主要考虑的是这些相应而不同的结构所具有的功能相同即可，至于这些不同结构之间是否存在单一性，则并不影响概括的功能性技术特征的成立。例如，在该案中，虽然两个具体实施方式概括形成的两个并列权利要求之间存在单一性，但是依然能将它们概括成含功能性技术特征的权利要求，而且使得这两个存在单一性问题的技术方案，由于含功能性技术特征的独立权利要求的存在，就可以在一份权利要求书中作为从属权利要求共同存在。

（3）便携式牙刷属于生活用品类的产品，与电学领域毫无关系。但是在该案中，申请人公开的多个实施方式中对存在相应的一个技术特征采用了结构不同但功能相同的技术手段。因此，按照常规，可以将它们概括成由功能性技术特征限定的结构，从而使该非电学领域的便携式牙刷发明的权利要求成为含功能性技术特征的权利要求。所以，认为含功能性技术特征的权利要求仅限于电学领域的观点是不正确的。

（4）在该案中，申请人给出了两个具体的实施方式，而且指出在现有技术中存在可在该发明中起到挤压软袋牙膏功能的等同物。因此在本发明的独立权利要求中就存在由概括形成的功能性技术特征限定的装置，从而使该案所要求保护的便携式牙刷有一个宽的保护范围。发明在获得专利权后，该独立权利要求所覆盖的范围不仅包括说明书中所公开的两个实施方式以及由等同物构成的实施方式所构成的便携式牙刷，而且包括由任何可以在盒体中起到挤压软袋牙膏功能的、其他结构的装置组成的该案中所述的便携式牙刷。所以，获得了专利权的含功能性技术特征限定的独立权利要求，能够使申请人的权利毫无疑义地得到充分保护。

但是，通常发明人在进行发明创造时，为证实其发明创造是可以实施的，一般会通过一个具体的实施方式进行实验。一旦通过这一个实施方式实现了该发明时，发明人往往就以该实施方式进行发明专利申请，结果使其发明所要求保护的范围只能由这一个实施方式所公开的内容来限定。显然，根据一个实施方式概括形成的独立权利要求的技术方案，其保护的范围相对来说是窄的，但是申请人往往认为：独立权利要求具体而简单，很容易就能获得专利权，至于其后受到侵权时，可以通过侵权诉讼，利用等同原则来保护自己的权利。可是侵权诉讼是要花费时间、精力和费用的，并且其结果不一定能像申请人考虑得那么如意。因为在判断的过程中，多少会涉及判断者的主观见解，所以会有见仁见智的差异。例如以下是发生在日本的一件专利侵权的案例。

原告发明专利的权利要求："一种系扣件，可将在具备相互牵绊的钩阻部件的二个支持体上所形成的二个可挠性部分相连接，其特征在于，支持体的一方，其表面上具有多数个钩子，另一支持体的表面上则具有多数个线环。"其结构如图A所示。该权利要求所称的"系扣件"，即常见的"尼龙搭扣"。

相对于原告专利系扣件，被告所制造的系扣件仅是将支持体上的"钩子"改变为"蘑菇形小片"，如图B的下方所示。

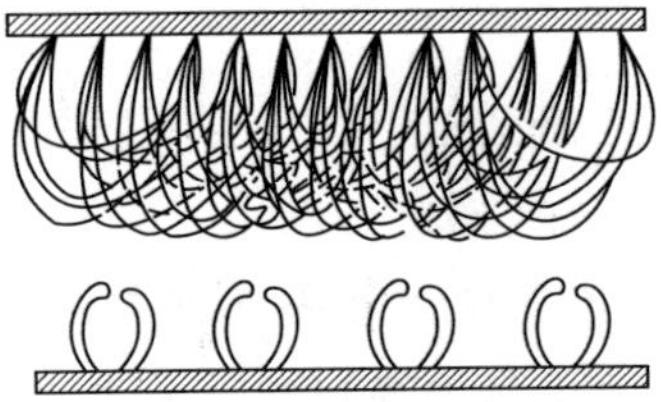

图A　原告之发明

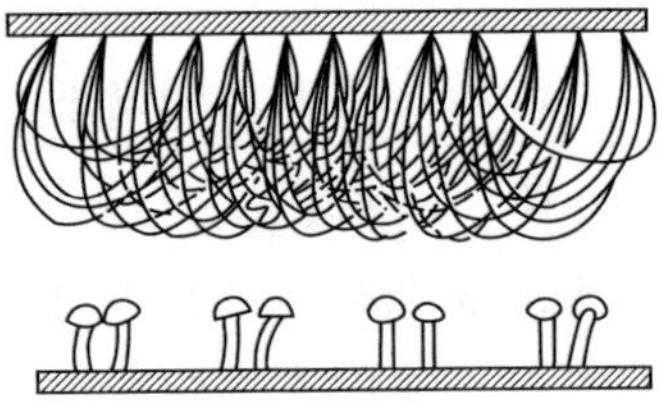

图B　被告之制品

原告认为，蘑菇型小片和线环的结合与脱离的机制与钩子与线环的结合与脱离的机制相同，换言之原理相同，所以被告的产品侵犯原告的专利权。

通过侵权诉讼，其结果如下：

日本大阪地方法院第一审判决，认为本发明将钩阻部件的一边采用"多数个线环"乃是本发明之核心所在，被告所制造的系扣件具备了此一核心。专利发明的"钩子"和"蘑菇形小片"为同一机能、同一效果的东西，被告的产品中仅以"蘑菇形小片"来置换"钩子"，两者可说是等同物。

被告不服此一审判决，向大阪高等法院提出上诉。大阪高等法院虽然和第一审同样认为采用了专利发明的“多数个线环”可以增大扣结的机会，但不论是“钩子”还是“蘑菇形小片”，虽然在和线环结合或脱离的原理上相同，但“蘑菇形小片”和“钩子”相比，能够产生显著的作用效果，难以说明具有同等的效果，从而不存在置换的可能性，并且也欠缺置换的容易性，基于此一理由，否定了两者为等同物。

由该案例中，可以了解第一审和高等法院的判决中，对是否存在等同条件的判断上是南辕北辙。日本学者对于该案例的判决也有不同的见解。

之所以介绍上述的侵权案例，是希望发明人在通过一种实施方式证实自己的发明后，一定应当根据对完成发明过程中掌握的实践经验和技术知识，多提供几个具体实施方式，并且也应当查找一下现有技术中存在的等同物，以便能够撰写出含有功能性技术特征的权利要求，从而使自己的发明能够获得最宽的保护范围，避免侵权诉讼时产生的麻烦。

当然，申请人一定要牢记，利用唯一的一个实施方式，人为地撰写成含功能性技术特征的权利要求可能得不到说明书的支持。

案例 3-8

说 明 书

用于病人组织的电麻醉设备

技术领域

本发明涉及一种用于病人组织的电麻醉设备，特别涉及一种用于病人牙组织的电麻醉设备。

背景技术

一种公知的用于病人组织麻醉设备是美国专利 US3946745 所揭示的，它包括串联在一起的非对称脉冲发生器、电流调节器和稳流器。非对称脉冲发生器输出的一些脉冲具有较长的脉冲时延，以保证对病人组织的电麻并伴有极化作用，而另一些脉冲则具有较短的脉冲时延，以保证对病人组织的去极化作用。稳流器上接有电极，以便直接同病人和对病人起作用的设备相联。

在上述设备中，非对称脉冲发生器的工作与通过病人组织的电极电路是否接通无关。因此当接通该电极电路时，脉冲发生器的第一个脉冲的极性可以是任意的。

上述设备用于治疗嗜用麻醉品患者、哮喘病人、失眠症患者以及面部瘫痪病人，此外，该设备还可用于止疼及麻醉。但是用这种设备，例如，在口腔科处置牙齿硬组织时所伴有的经常性的钻压机同牙齿短时间失去电接触，会使止疼效果不佳，因为这样做会使牙组织上仅仅有起电麻作用的长脉冲时延的那部分脉冲在起作用，而能起去极化作用的较短脉冲时延的那些脉冲，却跟钻牙机同牙齿失去电接触在时间上重合而不能起作用。随着非对称脉冲占空系数的提高，较短脉冲时延的脉冲与失去电接触时间重合的几率还会提高。

由此可见，用于病人组织的电麻醉设备虽然采用了脉冲工作方式以保证组织的去极化功能，但却不能保证使这种功能作用到病人的牙齿硬组织上，因此病人仍然可能因极化而产生疼感。

发明内容

本发明的任务在于创造一种用于病人组织的电麻醉设备，通过周期性的，而且与每一次接通经过例如牙组织电极电路的瞬间同步的去极化作用，保证使牙齿硬组织极化引起病人的疼感得到抑制。

为解决上述任务，本发明提供一种用于病人组织的电麻醉设备，包括有串联在一起的非对称脉冲发生器、电流调节器和稳流器。非对称脉冲发生器输出的一些脉冲具有较长的时延，用以保证病人组织的电麻并伴有该组织的极化作用；而另一些脉冲具有较短的时延，用以保证病人组织的去极化作用。稳流器的输入输出端分别连接直接同病人和接有对病人组织起作用的装置的电极。按照本发明，这种电麻设备还包括一个当经过病人组织的电极电路接通时，输出信号的信号形成部件和与其串联的从较短延时脉冲触发非对称脉冲发生器的触发部件，信号形成部件的输入端与电极之一相连，而触发部件的输出端则与非对称脉冲发生器的输入端相连。

在用于病人组织的电麻醉设备中，当通过病人组织的电极电路接通时工作的信号形成部件，做成比较器的形式最为合适。

本发明的用于病人组织的电麻醉设备，能保证在伴有钻牙机与牙齿失去电接触情况的任何停止处置牙齿间歇时，能够有去极化脉冲作用到病人牙齿的硬组织上，以恢复由于牙组织极化而失去的止疼效果，从而使止疼效率提高。

将经过病人组织的电极电路接通时工作的信号形成部件作成比较器的形式，能降低本设备去极化过程的惯性，同时又会提高止疼效率。

本发明随后将通过其具体实施例和附图加以说明。

附图说明

图 1 表示本发明所述的用于病人组织的电麻醉设备方框图；

图 2 表示本发明所述的用于病人组织的电麻醉设备的电路原理图；

图 3 为经过病人组织的电极电路接通时非对称电流脉冲的时延图。

具体实施方式

参照图 1 用于病人组织的电麻醉设备，包括一个非对称脉冲发生器 1，其输出的一些脉冲有较长的脉冲时延，以便保证病人组织的电麻并伴有该组织的极化作用，而另一些脉冲有较短的脉冲时延，用于病人组织的去极化作用。非对称脉冲发生器 1 的输出端接在电流调节器 2 的输入端，而电流调节器 2 的输出端则接在稳流器 3 的输入端。稳流器 3 的输入及输出端分别接有电极 4 和 5，以便直接同病人和对病人起作用的装置相连。本设备还包括一个当经过病人组织的电极电路接通时工作的信号形成部件 6，其输入端与电极之一相连，例如电极 4，还有一个从较短延时脉冲触发非对称脉冲发生器的触发部件 7，其输入端与信号形成部件 6 的输出端相连，输出端则与非对称脉冲发生器 1 的输入端相连。

图 2 是本发明的用于病人组织的电麻醉设备，是为处置牙齿硬组织时使用的。对病人起作用的装置是钻牙机。此时的电极 5 做成夹子的形式，固定在钻牙机的钻头 8 上；而电极 4 做成环状，固定在病人的耳垂上。

在上述方案的设备中，稳流器 3 实际上是一个由运算放大器组成的具有浮动负荷的双极性可控反向电流源，其输出端与接在钻牙机钻头 8 上的电极 5 相联，而其正向输入端接地，反向输入端则与电极 4 相联。电流调节器 2 是由二极管 9 及电阻 10 串联一起并与电阻 11 并联组成的。

为了更好地理解用于病人组织的电麻醉设备的工作原理，图 2 中给出了当经过病人组织的电极电路接通时非对称电流脉冲的时延图，其中横坐标轴表示时间 t，而竖坐标用 Ia 表示为保证病人组织电麻用的电流，用 Ig 表示为保证病人组织去极化用的电流。

图 2 中电阻 11 的阻值决定了电麻工作状态的电流 Ia，而电阻 10 的阻值决定了去极化工作状态的电流 Ig 如图 3 所示。由于上述电阻 10 和 11 是并联的，所以电流 Ig 大于电麻工作状态的电流 Ia。其

中的二极管 9 是经过电阻 10 同上述运算放大器的反相输入端连接的。

上述方案中的非对称脉冲发生器 1 是在运算放大器 12 的基础上做成双极性可控的。正、负脉冲之间的非对称是靠在运算放大器 12 的负反馈电路中，使电阻 13 和串联在一起的二极管 14 及电阻 15 并联接入来达到的。二极管 14 的负极接在运算放大器的反向输入端。运算放大器 12 输出端负脉冲的时延，主要是由接在运算放大器 12 反向输入端的电阻 13 的阻值及电容器 16 的电容决定的；而其输出端正脉冲的时延，是由二极管 14 的正向阻值、电阻 15 的阻值以及电容器决定的。通过改变电阻 13 与 15 之间的阻值比，就能调节非对称脉冲发生器 1 的时延，从而对电麻及去极化工作状态进行调整。

非对称脉冲发生器 1 还包括一个由电阻 17 和 18 组成分压器以及一个电阻 19 和 20 组成的运算放大器 12 的正反馈电路。在非对称脉冲发生器 1 的输出电压超过（从较短延时脉冲触发非对称脉冲发生器的）触发部件 7 的输出电压情况下产生的寄生振荡，可由上述分压器来消除。在这种情况下电容器 16、电阻 17 和 20 是接地的；电阻 18 和 19 接在运算放大器 12 的输出端；电阻 20 和 19 接在运算放大器 12 的正向输出端；而电阻 17 和 18 则与电阻 13 和 15 的公共点相接。

上述方案中，从较短延时脉冲触发非对称脉冲发生器的触发部件 7，包括二极管 21、23 和电阻 22。二极管 21 与 23 一起用来使运算放大器 12 的输入端去耦。二极管 21 和 23 的负极彼此相连，用作从较短延时脉冲触发非对称脉冲发生器的触发部件 7 的输入端。二极管 23 的正极接在运算放大器 12 的正向输入端，二极管 21 的正极接在电阻 22 上，而电阻 22 本身又接在运算放大器 12 的反向输入端。

在上述方案中，当经过病人组织的电极电路接通时工作的信号形成部件 6 是在运算放大器的技术上做成比较器 24 的形式。比较器 24 反向输入端的基准电压，是由电阻 25、26 构成的分压器确定的。

电阻 25 接地，而电阻 26 则接在电源的负极上。向运算放大器 12、比较器 24 以及稳流器 3 供电，是由双极性电源实现的（图中未表示）。

病人组织电麻用的设备，其工作方式如下：在电极 5 通过固定在钻牙机钻头 8 与病人牙齿相接触的瞬间，该电极 5 和固定在病人耳垂上的电极 4 接通电路。于是在比较器 24 即运算放大器的正向输入端加上一个几乎为零的电压，而在它的输出端则得到一个正电压。在这种情况下，从较短延时脉冲触发非对称脉冲发生器的触发部件 7 中的二极管 21 和 23 是关闭的，而电容器 16 则经过电阻 13、二极管 14 以及电阻 15、18 充电，并在非对称脉冲发生器 1 中运算放大器 12 的输出端形成一个正的短脉冲。这个正的短脉冲通过电流调节器 2 中由二极管 9 及电阻 10、11 组成的电路之后，将在用作稳流器 3 的运算放大器的输出端形成一个较短延时的脉冲，以保证病人牙齿硬组织的去极化作用。这些脉冲延时的长短 τ 以及电流 Ig 的幅度如图 3 所示，决定了每次通过经过病人组织的电极 4、5 电路时开始的去极化作用的工作状态。时延 τ 调整在 5～150 毫秒范围内，而电流 Ig 的幅度调整在 80～150 微安。

在去极化工作状态确定之后，需要确定靠长延时脉冲保障的电麻工作状态。这种工作状态下的电流幅度 Ia，仅由电流调节器 2 中电阻 11 的阻值来决定，而其延时的长短，则由非对称脉冲发生器 1 中电容器 16 的电容及电阻 13、18、19、20 的阻值决定。这些脉冲的时延调整在 3～5 秒的范围内，而其电流 Ia 的幅度则调整在 30～100 微安。

参照图 3，如果处置牙齿的时间 t_1、t_2 短于非对称脉冲发生器 1 的振荡周期 T，则去极化作用的工作状态不会第二次出现。如果处置牙齿的时间 t_3 比上述振荡周期 T 长，则去极化工作状态就会自动重复出现。在图 3 所示的终端处置牙齿的任何时间间隔 t_4、t_5，确保会有保证去极化的脉冲作用在牙齿硬组织上，从而便可消除由于牙齿硬组织极化而引起的病人疼感，并且意味着止疼效果的提高。

说 明 书 附 图

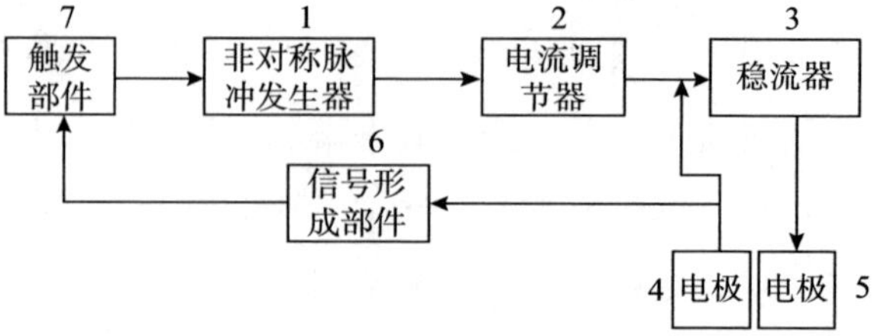

图 1

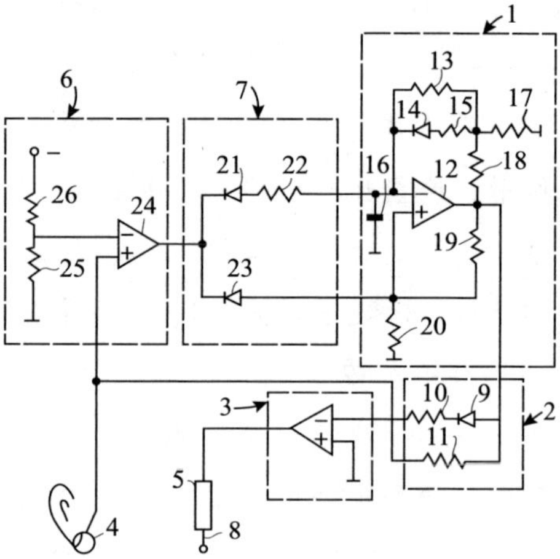

图 2

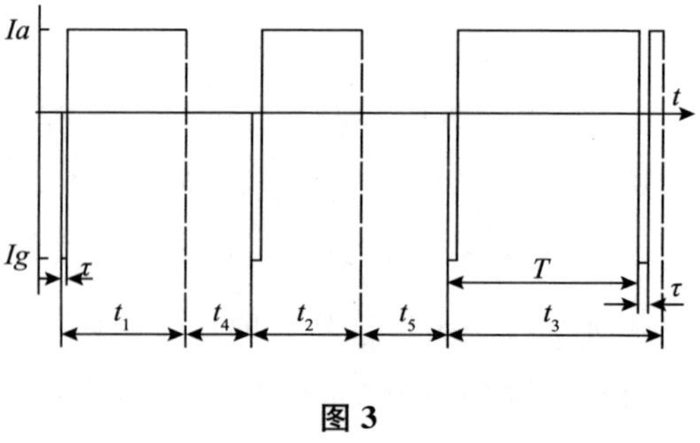

图 3

权 利 要 求 书

1. 一种用于病人组织的电麻醉设备，含有串联联接的非对称脉冲发生器（1）、电流调节器（2）和稳流器（3），非对称脉冲发生器（1）输出的一些脉冲具有较长的时延，另一些脉冲具有较短的时延，稳流器（3）的输入、输出端分别联接直接与病人接触的电极（4）和具有接触病人组织的装置的电极（5），其特征在于，所述设备还包括一个信号形成部件（6）和一个触发部件（7），所述信号形成部件（6）的输入端与两个电极（4、5）之一相联接，当经过病人组织的电极电路接通时，产生输出信号；所述的触发部件（7）接收来自所述信号形成部件（6）的输出信号，而其输出端与所述非对称脉冲发生器（1）的输入端连接，用于从较短延时脉冲触发非对称脉冲发生器。

2. 如权利要求1所述的电麻醉设备，其中，所述的信号形成部件（6），采用比较器（24）构成。

说　明　书　摘　要

用于病人组织的电麻醉设备，包含串联在一起的非对称脉冲发生器、电流调节器和稳流器，非对称脉冲发生器输出的脉冲具有较长时延和较短的时延，稳流器的输入、输出端分别联接直接与病入接触的电极和接有接触病人组织的装置的电极，以及经过病人组织的电极电路接通时工作的信号形成部件，其输入端与电极之一相联，其输出端与从较短延时脉冲触发非对称脉冲发生器的触发部件输入端相联，触发部件的输出端接到非对称脉冲发生器的输入端。

分析：（1）电路产品发明的独立权利要求应当由构成发明的电子元器件和/或部件、它们之间电联接的关系以及必要的功能性特征形成的电回路来表述。在该案中，用于病人组织的电麻醉设备全部是由已知的部件组成的，所以其独立权利要求是由这些部件、部件之间的电联接关系以及功能性技术特征来限定的。在该独立权利要求中，功能性技术特征的表述，使独立权利要求对本发明所要求的保护范围更加清楚、完整并得到说明书支持。

（2）电路产品中构成发明的部件是用功能性技术特征来限定的，它们在说明书附图中则是用写明功能性部件的框图来表示的。例如，该案例中由图1所示的那样。由于这样表示的框图对于非本领域的技术人员来说，只能知道每个框图所代表的部分的功能是什么，却难以想象出它们具体的电路结构是什么。因此，电路产品中用功能性限定部件的特点，在人们的概念中就显得特别突出，从而认为功能性限定是电学领域独有的特性。实际上，这是一个误区。因为任何技术领域中都可能存在功能性技术特征限定的部件，例如，照相机的组成部件有机壳、镜头、快门、取景器、闪光灯，等等。又如，前面曾经介绍过的污泥清扫车，组成该车的部件有车体、车轮、驾驶室、储存污泥槽、可以自由转动的连接管、吸管、操作台等。不难看出，构成照相机的部件和构成污泥清扫车的部件全部都是采用功能性技术特征来限定的，并没有任何有关具体结构的说明，却可以被人们接受而忽略了它们是由功能性技术特征限定的特征。这是由于在这些领域中，人们能够直接想象出这些部件是什么而导致的结果。并且在机械领域中，采用写明功能性部件的框图表示方式也是存在的，例如用框图表示电源、控制台、变速箱等。所以，采用功能性技术特征限定的部件比比皆是，并非仅限于电学领域。

该案对现有病人组织的电麻醉设备的改进在于增加了已知的两个功能性技术特征限定的部件，使现有病人组织的电麻醉设备中在治疗牙病时存在的问题得到改善。所以该案发明的独立权利要求的特征部分存在由功能性技术特征限定的部件，从而使该案所要求保护的发明是以含功能性技术特征的权利要求来限定的。之所以强调这点，是为了说明，如果独立权利要求中仅仅在前序部分中存在功能性技术特征限定的部件，并不视为含功能性技术特征的权利要求。

（3）该案中，只给出了关于治疗牙齿硬组织的电麻醉设备的实施例，但该案的发明主题是用于病人组织的电麻醉设备，其理由如下：

现有技术的用于病人组织的电麻醉设备是在规定的时间内，不间断地对病人组织接触治疗，不仅可以治疗嗜用麻醉品患者、哮喘病人、失眠症患者以及面部瘫痪病人，而且可以用于止疼及麻醉。然而，在治疗牙齿硬组织时，由于治疗过程的需要，与牙齿硬组织接触的钻头不可能保持与牙齿硬组织不间断的接触，因此，当钻头在间断后再与牙齿硬组织接触时，去极化作用的较短延时脉冲已经错过，结果使牙齿硬组织不但未能去极化反而加重了极化作用，从而使止疼作用效果不佳。而本发明的改进是使现有技术的用于病人组织的电麻醉设备在任何时间段启动时，总是先产生去极化作用的较短延时脉冲，以克服治疗牙齿硬组织时，由于随时中断治疗而错过所产生的去极化作用的较短延时脉冲导致止疼效果不佳的缺陷。这种改进丝毫未改变现有技术用于病人组织的麻醉设备所具有的功能。所以，该案的发明主题不应当仅限于用于牙齿硬组织的电麻醉设备，而应当保持用于病人组织的电麻醉设备的领域。

该案是外国申请人向中国国家知识产权局提交的发明专利申请。该申请是对美国专利 US3946745 所揭示的用于病人组织的电麻醉设备的改进发明。该申请如果在中国获得专利权，在中国实施该发明不会对 US3946745 的发明构成侵权（如果 US3946745 在美国仍为有效专利），因为在中国，并无对应于 US3946745 的发明专利权。但是，该案的发明产品如果出口、销售进入美国，则需要得到 US3946745 专利权人的许可（当然，是在该美国专利的有效期内），否则构成侵权。

案例 3－9

说　明　书

光盘数据再生装置中转轴马达的速度控制方法

技术领域

本发明涉及一种光学数据再生装置，特别设计一种光盘数据再生装置中转轴马达的速度控制方法。

背景技术

光盘的读取装置，如数字声音一图像光盘读取器，或数据光盘读取器，为先进的多媒体计算机系统的一个基本装备。

有关数据光盘读取装置控制系统的相关技术包括美国专利号4485337、4783774、5289097、5246479以及5345347中已披露。但是在这些现有技术中并未涉及控制光盘数据再生装置中转轴马达的速度可以达到节省电源的方法，因此如何能使光盘数据再生装置节省电源，则是现有技术中有待解决的问题。

发明内容

为实现本发明的目的，本发明提供一种光盘数据再生装置中转轴马达速度控制方法，该转轴马达驱动一光盘旋转，所述速度控制方法包括以下步骤：(1) 设定转轴马达的速度于一标称额定速度；(2) 检测是否已有一段第一预定时段没有发生光盘数据存取动作；(3) 若步骤 (2) 中的结果为是，则将转轴马达设定介于零速度与标称额定速度间的一第一特定速度；(4) 检测是否已有第二预定时段没有发生光盘数据存取动作，若检测结果为否，则返回步骤 (1)；(5) 若步骤 (4) 中的结果为是，则将转轴马达设定介于零速度与该第一特定速度间的一第二特定速度；(6) 检测是否已有第三预定时段没有发生光盘数据存取动作，若检测结果为否，则返回步骤 (1)；(7) 若步骤 (6) 中的结果为是，则将转轴马达设定于零速度。

本发明将结合实施例、参考附图进行详细说明，以使对本发明的目的、特征及优点进行更深入的了解。

附图说明

图 1 是表示光盘数据再生装置机构的示意图；

图 2 是表示本发明光盘数据再生装置中转轴马达的速度控制方法的流程。

具体实施方式

如图 1 所示，声音图像光盘再生装置包含一读取头/光盘组合体，其内具有一致动装置 11，此致动装置 11 包含一径向线圈绕组、一聚焦线圈绕组及一致动马达。此致动装置 11 将读取头 12 定位至光盘 13 表面的不同径向位置上。读取头/光盘组合体还包含读取前置放大电路 18，供放大由光盘表面所读取的数据及伺服数据。电路 18 中包含一读取缓冲存储器，供将所读取到某一轨道的数据依序送出。光盘驱动电路中的数字信号处理器 19、伺服控制部分 15，经由一总线 102，与微处理器 10 作接口沟通。众所周知，总线 102 上包含地址、控制以及数据信号。数字信号处理器 19 接收由读取头/光盘组合体中电路 18 送来的模拟读取数据。如公知技术，数字信号处理器 19 包含一读取通道模拟滤波器，其提供模拟信号给一脉冲检测器（未示出）。脉冲检测器的输出，为原始的数字读取数据，被送至一数据分离器（未示出）。光盘驱动控制电路进一步包含一伺服控制部分 15，供检测及处理由光盘 13 来的伺服数据，伺服数据是关于伺服脉冲、同步脉冲以及轨道编号等。伺服控制部分 15，经由总线 102，与微处理器 10 连结，伺服控制部分 15 运作而控制有关伺服读取时序及控制数据的流动。伺服控制部分 15 包含伺服控制器、模拟/数字转换器及数字/模拟转换器。由伺服控制部分 15 输出的模拟输出 151 被送至致动驱动电路 90。致动驱动电路 90 包含功率放大控制电路，其提供一致动驱动信号给一功率放大器，而功率放大器再依序提供控制电流给致动装置 11。所示的系统还包含旋转马达控制驱动电路 14，供控制读取头/光盘组合体内的旋转驱动马达 16，以便带动声音图像光盘 13。系统还包含一主计算机接口 17，藉由总线 171 及 102，其运作以提供主计算机及相关部件间的控制及数据的通道。一缓冲存储器 93 供以协调主计算机接口 17、主计算机间的数据传输率与主计算机接口 17、声音-图像光盘间数据传输率的差异。换言之，缓冲存储器 93 暂时存储由光盘 13 读出的声音-图像数据。数字信号处理器 19 也输出一反馈信号 191 至数字式马达速度控制电路 91，此马达速度控制电路 91 将反馈信号 191 与微处理器 10 输出信号 101 作比较。比较的结果为，以数据传输率观点，马达目前的转速是否太快或太慢。此结果被用以控制马达驱动器，马达驱动器则提供电能至旋转驱动马达 16。信号转换器 92 为数字/模拟转换器，部件 94 为放大器。

如图 2 所示，步骤 20 为初始动作。在步骤 21 中，马达 16 被设定在声音-图像光盘再生装置的标称额定速度下旋转。在步骤 22 中，检测光盘数据的存取动作是否已经有一段预定时间 ΔT1 没有发生。若为是，则在步骤 23，马达 16 被设定在标称额定速度下的 1/2 速度旋转，以便节省电源。若在步骤 22 中为否，则回到步骤 21。在步骤 24 中，检测光盘的存取动作是否已经有一段预定时间 ΔT2 没有发生。在步骤 24 中若为是，则在步骤 25 中，马达 16 被设定在标称额定速度下的 1/3 速度旋转，以进一步节省电源。若在步骤 24 中为否，则回到步骤 21，在步骤 26 中，检测光盘的存取动作是否已经有一段预定时间 ΔT3 没有发生。在步骤 26 中若为是，则在步骤 27 中，马达 16 就完全停止，以节省最多的电源；在步骤 26 中若为否，则回到步骤 21。

说 明 书 附 图

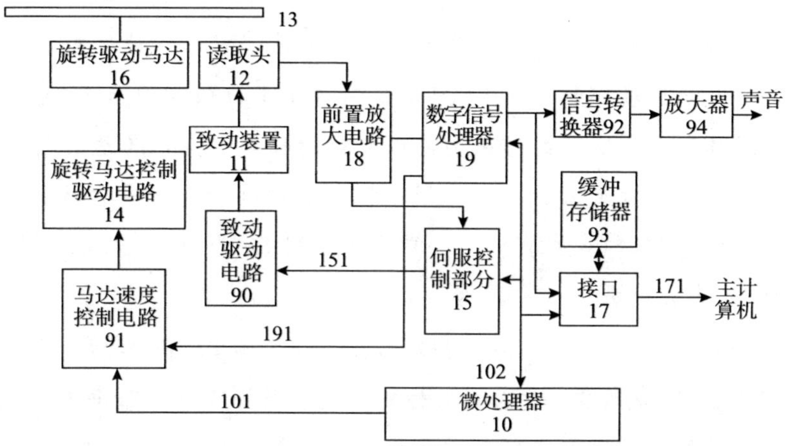
13
旋转驱动马达
16
读取头
12
前置放大电路
18
数字信号处理器
19
信号转换器92
放大器
94
声音
致动装置
11
旋转马达控制驱动电路
14
缓冲存储器
93
致动驱动电路
90
151
何服控制部分
15
接口
17
171
主计算机
马达速度控制电路
91
191
102
101
微处理器
10

图 1

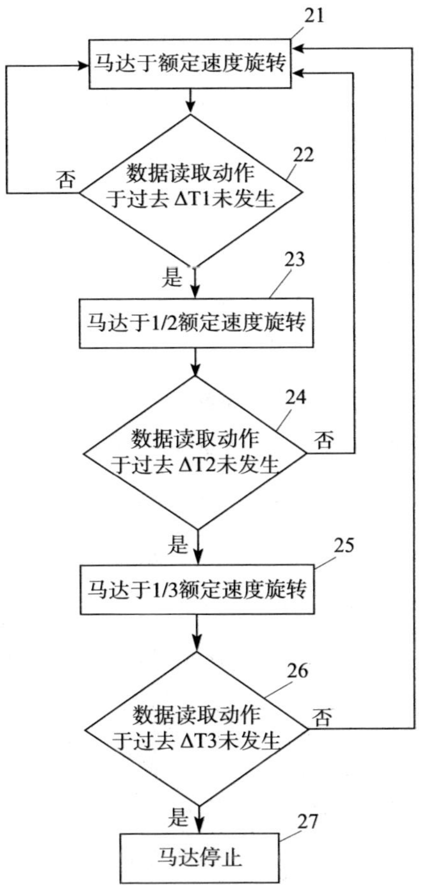
21
马达于额定速度旋转
22
数据读取动作
于过去ΔT1未发生
否
是
23
马达于1/2额定速度旋转
24
数据读取动作
于过去ΔT2未发生
否
是
25
马达于1/3额定速度旋转
26
数据读取动作
于过去ΔT3未发生
否
是
27
马达停止

图 2

权 利 要 求 书

1. 一种光盘数据再生装置中转轴马达的速度控制方法，该转轴马达驱动一光盘旋转，所述速度控制方法包括下列步骤：

(1) 设定转轴马达的速度为一标称额定速度；

(2) 检测是否已有一段第一预定时段没有发生光盘数据存取动作，若检测结果为否，则返回步骤 (1)；

(3) 若步骤 (2) 中检测的结果为是，则将转轴马达设定为介于零速度与标称额定速度间的第一特定速度；

(4) 检测是否已有第二预订时段没有发生光盘数据存取动作，若检测结果为否，则返回步骤 (1)；

(5) 若步骤 (4) 中检测的结果为是，则将转轴马达设定在介于零速度与第一特定速度间的第二特定速度；

(6) 检测是否已有第三预定时段没有发生光盘数据存取动作，若检测结果为否，则返回步骤 (1)；

(7) 若步骤 (6) 中检测的结果为是，则将转轴马达设定为零速度。

2. 如权利要求 1 所述的速度控制方法，其中，所述的第一特定速度为所述标称额定速度的 1/2。

3. 如权利要求 1 所述的速度控制方法，其中，所述的第二特定速度为所述标称额定速度的 1/3。

说 明 书 摘 要

光盘数据再生装置中转轴马达的速度控制方法，包括步骤：设定转轴马达的速度为一标称额定速度；检测是否已有第一预定时段没有发生光盘数据存取动作；若检测为是，则将转轴马达设定为介于零速度与标称额定速度间的第一特定速度；检测是否已有第二预定时段没有发生光盘数据存取动作，若是，则将转轴马达设定在零速度与第一特定速度间的第二特定速度；检测是否已有第三预定时段没有发生光盘数据存取动作，若是，则将转轴马达设定为零速度；若检测的结果为否，则都返回到设定转轴马达的速度为标称额定速度的步骤。

分析：(1) 该案例是通过计算机程序，对现有的光盘数据再生装置进行功能方面的改进，使该装置中的转轴马达的速度得到控制，从而实现节省电源的技术效果。

为了便于理解和实施该发明，申请人在说明书具体实施方式中，对公知光盘数据再生装置的具体结构及运作过程作了详细的介绍，并给出了体现该发明的计算机程序对光盘数据再生装置中转轴马达速度控制方法的流程图，以使本领域技术人员根据说明书所公开的技术内容及流程图就能够编制出实施该控制方法的计算机程序，所编制的程序并不要求与该发明的源程序相同，但该程序必须使所述光盘数据再生装置的转轴马达的速度能够按照所述流程图实现该发明的方法，从而证明该发明所公开的技术内容是充分可行的。

(2) 通常，方法发明可以根据方法独立权利要求的步骤就能够直接了解该方法所产生的技术效果。但是，对于涉及计算机程序的发明，根据计算机程序指令硬件依序运行形成的方法独立权利要求是很难直接明确该方法所产生的技术效果是什么。而涉及计算机程序的方法也并非都能够产生相关的技术效果。例如，在第一章中，曾提及的“一种计算机辅助电子元件线路连接的方法”案例。该方法是通过计算机来实现的，但是，根据说明书所公开的内容，可以说明该方法只是利用了计算机处理速度快、不易出错的特性来替代人工而已，并没有产生任何与本发明有关的技术上的效果。所以，发明人在创造新的计算机程序时，必须先明确编程所要解决的技术问题以及所能产生的技术效果。技术效果是检验涉及计算机程序发明是否能获得发明专利权所必须具备的条件之一。

(3) 由于涉及计算机程序的发明日益增多，而对方法发明的程序保护力度较弱，如何使申请人能够获得更多的利益，且又不违背专利法的立法原则，已成为多年来未曾停止探讨和研究的问题。当前美国、日本及韩国等国家允许一项含计算机程序的发明专利申请中可以要求 3 项独立权利要求，即：

一种……的方法，包含以下步骤：1. ……；2. ……；3. ……；4. ……。

一种……的装置，其特征在于执行如下步骤：1. ……；2. ……；3. ……；4. ……。

一种……介质，其特征在于执行如下步骤：1. ……；2. ……；3. ……；4. ……。

笔者认为，在涉及计算机程序的发明中，采用方法限定装置的独立权利要求有一定的道理。一方面使所述含计算机程序发明的方法得到进一步的保护；另一方面避免了采用泛泛的结构特征限定的装置落入现有技术的范围。这种保护只对实施该方法的装置认为是侵权装置，对能实施该方法，但并未实施该方法的装置则不认为是侵权装置。这样做，既使申请人的权利得到保护，也使公众的利益得到保护。采用方法限定介质的独立权利要求，其针对的是与硬件结合后能够执行所述方法的介质，从而使作为实现所述方法中不可缺少的介质部件得到保护，同时也避开了对记载代码或符号的介质不可申请专利的嫌疑。

欧洲与美国的情况有所不同。在欧洲，当通过结构特征及物理特征无法限定产品时，则允许采用方法限定产品的方式来撰写独立权利要求。例如，一件欧洲专利申请，发明名称为“X射线装置”。该发明涉及一种由数字计算机控制X射线装置，以提供具有较好图像质量、较好分辨率的最佳曝光，提高X射线管寿命的全自动X射线控制系统。该发明的独立权利要求如下：

1. 一种X射线装置，它具有一个输入设备（20）和一个与该设备连接的存储程序数字计算机（12），该输入设备既用于对具有可调焦尺寸及旋转阳极速度的几个X射线管（46、48、50）之一进行选择，又用于对有关的X射线管的电流和曝光时间值进行选择，所述数字计算机存储着这些X射线管在不同曝光参数下的管标称曲线，并用有关的管标称曲线位置相应于所选曝光参数值的管压值，其特征在于，为保证最佳曝光且使X射线管免于过载，该存储程序数字计算机（12）执行如下步骤：

（a）首先保持X射线管的管电压及管电流与曝光时间的乘积两项不变，然后使管电流从最大可允许的值开始下降，直到有关管的一个标称曲线允许曝光；

（b）在不允许曝光，且达到了最大可允许曝光的时间下，使管电压增加，并依据恒定变黑的第二条件，降低管电流，直到有关管的一个标称曲线允许曝光；

（c）首先以与图像分辨率有关的最小聚焦点和旋转阳极标准速度的最佳标称曲线为基础来确定曝光参数，并在不允许曝光的情况下，使所选的曝光参数和图像分辨率有关的最接近的不同聚焦点及旋转阳极速度的最佳标称曲线进行比较，该比较首先从最小聚焦点及旋转阳极的较快速度开始，所确定的曝光参数被依序通过相应选择的电路（58、60、64）传送到驱动及电源电路（52）。

根据上述介绍，说明这些国家在涉及计算机程序的发明时允许采用方法限定产品的方式撰写独立权利要求。如果在向中国提交了涉及计算机程序发明的专利申请后，申请人还准备向这些国家申请专利的，就应当在提交给中国的首次申请的说明书中记载有关方法限定产品的具体实施方式，以便使向这些国家提交申请文件中所要求保护的方法限定产品的独立权利要求得到说明书的支持。

第四章　针对实审问题的撰写要点

发明专利申请公布后，根据申请人的请求进入实质审查程序(以下简称“实审”)。在此期间，申请人会收到国家知识产权局专利局发出的审查意见通知书。在审查意见通知书中，审查员给出审查的意见，指出要求保护的发明存在的问题，并要求申请人在规定的时间内，通过意见陈述书对审查意见通知书所说问题给予答复。

此时，申请人要解决实审中发明专利申请存在的问题，就需要针对审查意见通知书中所指出的问题发表意见，而意见的表述则是通过意见陈述书的方式来完成的。为此，申请人应当了解以下所说有关意见陈述或撰写的要点，以便准确地对审查意见通知书中所指出的问题进行说明。

一、陈述意见的依据

意见陈述书是因审查意见通知书而形成的。显然，陈述的意见是针对审查意见通知书所指出的问题给出的答复，完全是依据审查意见通知书所提出的问题而完成的。之所以如此强调陈述意见的依据，是因为在实质审查程序中规定有程序节约原则，不切题的泛泛说明或偏离所说问题的辩解，有可能丧失获得专利保护的时机或机会。所以，意见陈述书中必须对审查意见通知书中所指出的问题一一作出说明，必要时对权利要求进行相应的修改。由于这种修改完全是为了解决审查意见通知书中所提出的问题作出的，所以称为“被动修改”，而且这种修改不允许扩大原申请所要求保护的范围。

二、如何处理审查意见通知书中提出的问题

对发明专利申请中存在的不符合专利法规定的任何问题，审查意见通知书中都会一一指出。对这些意见，陈述中只需根据专利法有关规定进行核查后改进和说明。但是，审查意见通知书对发明专利所指出的问题主要涉及的是单一性、新颖性或创造性时，就会提供对比文件。此时，意见的陈述就需要分别考虑以下问题。

1. 单一性

产生单一性的问题有两种情况：一种情况是发明专利申请的权利要求书中存在多项独立权利要求，审查意见通知书中指出它们之间存在单一性问题；另一种情况是发明专利申请的独立权利要求是含上位概念的技术特征或者是含功能性技术特征的独立权利要求，审查意见通知书中在给出使该独立权利要求丧失新颖性的对比文件之后，指出从属于该独立权利要求的多项从属权利要求之间存在单一性问题。[1]

当收到审查意见通知书后，应当仔细研究这些权利要求之间是否具有相同或者相应的特定技术特征。如果具有，则在意见陈述书中，根据专利法有关单一性的规定，说明这些独立权利要求的特定技术特征分别都是什么，然后说明这些特定技术特征之间为什么是相同或者相应的，进而总结该发明专利申请中不存在单一性的理由，从而确定不需要对权利要求书进行分案。当然，如果研究之后，确认这些独立权利要求之间的确存在单一性问题，那么，在意见陈述

[1] 对独立权利要求是否丧失新颖性的判断，将在下文中说明，此处仅讨论独立权利要求不具备新颖性的情况下的单一性问题。

书中应当说明，由于存在单一性问题，因此对该发明专利申请进行了分案，并对原权利要求进行了修改，使之符合专利法关于单一性的规定。

2. 新颖性

在审查意见通知书中判定独立权利要求不具备新颖性时，必然会给出对比文件并说明理由。申请人这时应当首先了解不具备新颖性的理由，然后核查所给出的对比文件公开的日期是否早于发明专利申请的申请日。如果给出的是抵触申请，则应核查该抵触申请是否是在发明专利申请日前向中国国家知识产权局专利局提出申请并公开于该申请日之后。当符合作为对比文件的条件之后，应当进一步研究该对比文件所公开的技术方案是否与所说独立权利要求要解决的技术问题及技术方案是同样的。如果对比之后发现存在区别，则说明该独立权利要求具备新颖性，因此在意见陈述书中应当将对比所存在的技术上的区别详细列出并具体说明不同之处，并确定所给出的对比文件不足以损害独立权利要求的新颖性。因此，从属于该独立权利要求的从属权利要求必然也具备新颖性，从而说明不需要对权利要求书进行修改。

在处理不具备新颖性问题的过程中，申请人应当特别注意掌握单独对比原则和对比文件公开的技术方案是否与所对比之权利要求的技术方案是同样的发明。偏离上述所说原则的意见陈述，则是毫无意义的。例如，申请日为 2002 年 3 月 2 日、发明名称为“四体活塞一心弧线往复式内燃机”的 02106363. X 号发明专利申请，其审查意见通知书中指出：权利要求 1 相对于对比文件 1 不具备新颖性并说明对比文件 1 已经公开了权利要求 1 的全部技术特征。然而申请人在意见陈述书中的陈述，强调的却是在申请文件的说明书中所公开的、但并未记载在权利要求 1 中的技术方案，结果只能丧失争取获得专利保护的机会。另外，认真研究所给出的对比文件是否能使权利要求丧失新颖性也是极其重要的。例如，一件在欧洲的发明专利申请，审查意见通知书中给出在该申请日之前公开的一件美国专利文献中的一幅附图，将其作为对比文件来判断该发明的权利要求 1 不具备新颖性，理由是对比文件所公开的该附图所示结构与权利要求 1 所要求保护的发明结构是同样的结构，并且，由图上所测得的尺寸也覆盖了权利要求 1 所记载的尺寸。然而，在研究了该对比文件后发现，审查意见通知书中所给出的附图与权利要求 1 所属技术领域不相符合，它仅仅是该美国专利文献中的一个具体部件的放大示意图，由该图上测量所得尺寸在该文献中并无记载，所以该对比文件不损害所要求保护的独立权利要求 1 的新颖性。[1]

如果发明专利申请的独立权利要求 1 涉及的发明是数值范围，在审查意见通知书给出的对比文件公开的同样技术方案中记载的数值范围部分覆盖了该独立权利要求 1 的数值范围时，申请人应当认真研究独立权利要求 1 中未被覆盖的数值范围所组成的技术方案是否能够利用“放弃”（disclaimer）的规定来获得专利权。

所谓“放弃”规定是指通过详细阅读对比文件所公开的内容，从中找出能证明被认为无新颖性的独立权利要求 1 中，由未被对比文件记载的数据范围所覆盖的数值范围组成的技术方案是具备创造性的，由此返回认定该重新组成的技术方案具备新颖性，从而允许申请人放弃原独立权利要求 1 中被对比文件覆盖的数值范围，而将未被覆盖的数值范围构成一个新的独立权利要求 1 的技术方案。例如，一件发明专利申请，其独立权利要求 1 所要求保护的发明是一种光学部件，其中组成该部件结构的一个技术特征为 0.042～0.086 的数值范围。在审查意见通知书中，给出损害该独立权利要求 1 新颖性的对比文件公开了与其同样的光学部件，所涉及的同一技术特

[1] 该案例是欧洲专利法院的最终判定，并根据该判例使欧洲专利局的审查指南有关对比文件的规定中增加了“无文字说明，仅从附图中推测的内容或者仅从附图中测量得出的尺寸及其关系，不应当作为已公开的内容”的规定。

征的数值范围为0.057～0.091。当申请人仔细研究该对比文件时，发现在该对比文件的说明书中还明确说明所说的数值范围的起点不应当小于0.057，并且通过理论分析进行了论证，说明当该数值低于0.057时，将导致该光学部件的性能变劣。然而，申请人在其发明说明书的实施例中给出数值在0.042～0.086范围的技术方案所测得的实验结果证明，在低于0.057，即0.042～0.057的数值范围内，发明所要求保护的光学部件也有极佳的技术效果，并未使该光学部件的性能变劣。因此，申请人在意见陈述书中，引用了对比文件所公开的有关不能低于数值0.057的内容，详细说明该发明所要求保护的由低于0.057的数值范围构成的技术方案能够使发明所述的光学部件具有极佳的技术效果，从而克服了对比文件所述的偏见。因此根据对比文件，采用放弃规定，放弃原权利要求1中由0.057～0.086数值范围，将低于0.057的数值范围重新构成独立权利要求1。由于在该发明的原始申请文件中，未公开过0.042～<0.057的数值范围以及该范围中其他具体数值，所以，修改后权利要求1中数值范围的表述为0.042～<0.057。新的独立权利要求1克服了技术上的偏见，显然证明该独立权利要求1具备创造性，因此必然应当具备新颖性。在意见陈述书中，申请人除了上述陈述外，还应当说明将审查意见通知书中给出的对比文件引入修改的说明书的背景技术中作为最接近的现有技术。

3. 创造性

审查意见通知书判定发明专利申请的独立权利要求不具备创造性时，必然给出两件或两件以上的对比文件（包括公知技术或惯用手段），并说明在这些对比文件公开内容的启示下，本领域技术人员能否容易地获得独立权利要求1所要求保护的技术方案的理由。收到审查意见通知书后，申请人应当仔细研究所给出的对比文件的内容，根据组合原则先确定审查意见通知书所给出的对比文件中与发明最接近的对比文件，然后研究其他对比文件的内容是否存在某些启示能使本领域技术人员将它们组合后构成与独立权利要求 1 相同的技术方案。如果并无任何启示能使之组合在一起，则发明专利申请的独立权利要求 1 应当具备创造性。那么，在意见陈述书中就应当将分析的过程及结果详细且明确地进行陈述，证明独立权利要求 1 具备创造性，不需要进行任何修改。例如，申请日为 2004 年 1 月 16 日、申请号为 200410002279.3、发明名称为“处理复合废物的方法”的专利发明申请。其独立权利要求 1 为：“1. 一种处理包括可燃物和不燃物的复合废物的方法，该方法包含：用于挤压所述复合废物的挤压工序；和对所述挤压的复合废物进行干馏的干馏工序。”审查意见通知书中给出对比文件 1（CN1260250A），公开了一种处理包括可燃物和不可燃物的复合废物的方法，该方法包括将所述复合废物进行干馏；对比文件 2（US6141945A）公开了对于生活垃圾和商业垃圾进行挤压后封装，以减小垃圾体积的技术。因此，对比文件 2 公开了独立权利要求 1 中的挤压工序，该工序在对比文件 2 所述的方法中所起的作用与独立权利要求 1 的挤压工序相同，都是用于挤压废物以缩小其处理体积，所以对比文件 2 启示本领域技术人员将其结合到对比文件 1 中，使独立权利要求 1 丧失创造性。申请人对此陈述了如下的意见：对比文件 1 没有进行挤压工序，对比文件 2 没有进行干馏工序，只有本申请教导了先挤压后干馏的这种安排，并且通过试验数据证明挤压后的干馏工序能够缩短干馏时间并节约所耗能源，因此权利要求 1 相对于对比文件 1 和 2 具备创造性。

最终由专利复审委员会作出的第 33718 号复审请求审查决定，判定该发明专利申请独立权利要求 1 具备创造性。其理由为：“权利要求 1 和对比文件 1 相比，区别技术特征在于，在干馏前先进行用于挤压所述复合废物的挤压工序，对比文件 2 公开了对于生活垃圾和商业垃圾进行挤压后封装的步骤，减小了垃圾体积，降低了运输成本，并可以防止液体溅漏和臭味散发。虽然对比文件 2 公开了挤压工序，但其没有公开在挤压工序后进行干馏工序，而对比文件 1 也没有提及在干馏工序前先对废物进行挤压。因此，挤压工序和干馏工序的先后顺序对比文件 1、2 均未公开，也没有给出有关这两个工序的顺序关系的技术启示；也没有证据证明挤压工序安排在干馏工序前面是本领域的公知常识。并且，权利要求 1 的技术方案由于在干馏前先进行挤压，能够提高被干馏的废物的密度，减小废物的体积，从而能够降低干馏所需时间和能量，即两个工序之间的顺序关系带来了显著的效果。因此权利要求 1 相对于对比文件 1、2 具备创造性。”

在此引入专利复审委员会在复审决定中对该案权利要求 1 具备创造性所分析的理由，为的是提供给申请人作为参考。因为对该案的申请人来说，复审决定中所述的理由完全可以是申请人在意见陈述书中作为自己对权利要求 1 具备创造性的陈述意见。虽然意见陈述书的表达应当简明扼要，但是，有理有据地详细说明权利要求 1 具备创造性完全是允许的。如果单纯地为了简明，笼统地给出权利要求 1 具备创造性的理由，那么有可能延误、甚至是丧失获得专利权的时机。

三、意见陈述书的撰写格式

意见陈述书的主要内容包括：起始格式句；同意审查意见通知书中指出的某些意见及对原申请文件进行的修改；分析及论述与审查意见通知书中所指出的意见不一致的理由；维持不修改的原因；结束语。

上述撰写意见陈述书格式中的主要内容，可以根据实际情况进行取舍，不存在的情况就不需要进行陈述。

但是，意见陈述书中最主要的部分是申请人如何能够针对审查意见通知书中，以所引用的对比文件对所要求保护的独立权利要求作出不具备新颖性或者创造性的判定，给出有依据、令人信服的陈述意见，阐明所要求保护的独立权利要求相对于所引用的对比文件完全不相同，具有实质性区别的理由，证明所要求保护的独立权利要求具备新颖性、创造性。

虽然申请案的情况各不相同，但是，通过研究典型案例的意见陈述书所撰写的陈述意见，可以从中了解研究审查意见通知书中所引用的对比文件与所要求保护发明的相关技术内容的重要性，以及领会如何撰写陈述意见的思路和方法，使撰写的意见陈述书所陈述的意见针对性强，从而起到提高发明专利申请结案率的作用。

四、案例：微波炉

该案例为欧洲专利局编的《欧洲专利律师资格考试资料汇编(1993)》中“电学/机械试题”的意见陈述书及权利要求书的标准答案。

本书选取该案例是基于如下理由：①中国《专利法》与《欧洲专利公约》属于同一体系，实质审查的原则和基准基本相同；②该案例的标准答案是由欧洲专利局确认公开的，面对的不仅是准备参加专利律师资格考试的人群，还面对关注专利申请的公众，显然具有教导及示范的作用；③该案例的意见陈述书中针对审查意见通知书所引用的对比文件进行了扼要的分析与对比，有理有据地陈述了所要求保护的权利要求具备新颖性、具备创造性的意见；④该案例经过修改的独立权利要求是一项典型的含功能性技术特征的独立权利要求，既涉及电学领域，又涉及机械领域。为此，特选摘该案例中的意见陈述书有关新颖性、创造性陈述的意见及修改后的独立权利要求，作为撰写意见陈述书时的参考案例。

发明名称　微波炉

原发明专利申请的独立权利要求：

1. 一种微波炉（10），包括安置待加热的食物（17）的炉膛（14），一个耦合到一根旋转天线（32）上的微波发生器（28），该旋转天线与炉膛的一壁（14a）相邻，用于将微波发生器（28）所产生的微波能量辐射到炉膛（14）中，其特征在于所述的炉膛壁（14a）带有一个凹面反射器（22），该反射器位于所述旋转天线（32）之后，以便向待加热的食物（17）直射微波能量。

审查意见通知书

1. 本通知书引用以下对比文件：

① 在本申请中所引用的对比文件Ⅱ；

② 在本通知书中第一次引用的对比文件Ⅲ。

这两篇对比文件都是在本申请的申请日之前公开的。

2. 与权利要求1最相关的已有技术是对比文件Ⅲ。采用权利要求1所用的词语，对比文件Ⅲ公开了（这里参考标记指的是对比文件Ⅲ所用的参考标记）一种微波炉（10），该微波炉包含用于安放待加热食物的一个炉膛（12），以及耦合到一根旋转天线（30）的一个微波发生器（40），旋转天线（30）紧邻炉膛（12）的一壁（底壁12b），用于将微波发生器所产生的微波能量辐射到炉膛（12）中。

此外，如对比文件Ⅲ所示，上述侧（底）壁装有一个凹面发射器（反射凹槽20），该反射器放在旋转天线（30）的后面，向待加热的食物直射微波能量。

如上所述，权利要求1相关于对比文件Ⅲ而言不具备新颖性，因此，根据《欧洲专利公约》第52条第（1）款和第54条第（1）款、第（2）款[1]，权利要求1不能被允许。

3. ……

4. ……

5. ……

6. ……

（第3～6条的意见是针对从属权利要求作出的评论，在此省略）。

7. 如果您认为本申请包含可以获准专利的主题，请您对该审查意见通知书作出回复，并且提交修改的权利要求书。

---

[1] 《欧洲专利公约》第52条第（1）款和第54条第（1）款、第（2）款规定的内容分别为授予专利权的条件、新颖性、现有技术。

对比文件Ⅲ（**附图在此省略**）。

本发明涉及微波炉的微波提供系统，特别涉及将一个旋转微波场耦合到炉子中的一个系统。这种系统会导致炉中微波场随时间的均匀分布，并保证对食物均匀加热。

下面根据附图对本发明进行说明，其中：

图1是具有本发明的微波提供系统的一个微波炉的透视图；

图2是用于图1的微波炉中的微波提供系统的俯视图，部分为截面图；

图3是图2系统的放大侧视图，部分为截面图。

图1所示的是一台独立放置的微波炉10，该炉基本上是传统的结构。它包括加热板11、炉膛12和安装在一块后板14上的相关的控制钮13。在炉膛12的底部12b上装有微波提供孔21（该孔也可以安装在炉膛的另一壁）。炉膛12可以由带有微波密封衬垫16的门15关闭。炉膛12可以装上一个通风系统（没有表示出）。

现在参看图2和图3，微波提供系统包括一个凹面槽20，它通常呈圆周-圆筒形，带有一个反射侧壁和一个反射底壁。槽20是由经过深中压的金属薄板制成的。为了便于制造，槽20可以具有轻度截头圆锥体形状。槽20的上端由用玻璃陶瓷所制成的可透过微波的板23所关闭。起挡油板作用的平板23由一个框架24所固定，该框架24通过螺钉25和螺孔26装在炉膛12的底部。在框架24和平板23之间以及在框架24和炉膛12的底部12b之间都分别装有密封垫27。

在槽20中安装有可旋转的L形天线30，该天线30具有沿槽20的轴22所安置的竖直部分31和垂直于轴22安置的臂32。天线30的竖直部分31构成电传导杆35的一部分，杆35的下部构成延伸到矩形波导管41中的耦合传感器43。由非导电材料所构成的衬垫36将杆35固定在位。杆35的下部构成延伸到矩形波导管41中的耦合传感器43。由非导电材料所构成的衬垫36将杆35固定在位。杆35

和衬垫呈松动接合。这样使杆 35 可以旋转。

磁控管 40 被耦合传感器 42 以传统方式耦合到矩形波导管 41。微波从磁控管经耦合传感器传播到波导管 41 中。并且通过耦合传感器 43 耦合到天线 30。

耦合传感器 43 装有驱动杆 47，该驱动杆由具有低绝缘常数的非导电材料制成。驱动杆 47 由任何适当的装置所旋转，在给出的实施例中是由电机 45 所旋转的。

上面所描述的系统是这样运行的：虽然为了节省空间起见，微波提供孔相对较小，但是在炉膛 12 中获得了一个微波场，该微波场由于在槽 20 的侧壁和底壁的反射，形成了一个广泛分布的旋转微波场，遍布整个炉膛 12，从而能取得非常均匀的烹调效果。

意见陈述书

敬启者：

欧洲专利律师×××代理申请人×××提出意见陈述如下：

根据审查部门所发出的审查意见通知书，我们在此提交修改后的权利要求书以及作出相应修改后的说明书一式三份。

修改后的权利要求1，与所引用的三篇对比文件相比，具有明显的新颖性和创造性（《欧洲专利公约》第54条和第56条[1]）。

特别值得注意的是，修改后的权利要求1指出了反射器22的构形使得微波能量集中到炉膛的中心。作出该修改的依据见说明书第3页第2段，特别是最后一句，以及说明书第7页第1段，特别是第7行和第8行。另外我们还以对比文件Ⅲ划界，将权利要求1写成了“两部分”格式。

经过这样的修改后，很显然，由权利要求1所限定的本发明，与对比文件Ⅲ相比，是具备新颖性和创造性的。

虽然我们要承认对比文件Ⅲ也公开了一个凹面反射器，但是该反射器与本发明的反射器具有完全不同的形状，事实上，这两种反射器的功能截然相反。

对比文件Ⅲ所提供的反射器或凹槽20是要保证“微波场达到整个炉膛”，并且该微波场是一个“广泛分布的旋转场”（第2页最后一段）。为了达到这一目的，需要在凹槽中产生多次反射以取得散射效果。换句话说，就是要尽量避免微波仅仅被凹槽反射一次并且集中在炉膛的一个单一区域。

因此可以说，对比文件Ⅲ所面临的问题正是本发明所要寻求解决的问题，即减少微波被待加热的食品吸收之前所必须经过的反射次数，其原因是每产生一次反射都会导致能量损耗。本发明特别考

[1] 《欧洲专利公约》第54条和第56条规定的内容分别为新颖性、创造性。

虑了在炉膛壁上反射所产生的损耗，事实上，无论是在炉膛壁上还是在凹槽壁上产生多次反射，它们所产生的效果没有什么区别，都是引起能量损耗。

与对比文件Ⅲ完全相反，本发明主要在于减少反射次数，并且将微波能量集中在待加热的食品上，这一目的是通过修改后的权利要求1的特征来达到的。值得注意的是，仅仅指出提供了一个炉膛或凹面反射器并不重要，重要的是对反射器形状的选择，特别是反射器形状的选择应该能使能量被集中到炉膛的中心，也就是放置待加热食品的地方。

反射器的形状是用功能来限定的。因为我们认为在这种情况下采用这样一种限定方式是很适当的，在某些前提下应该予以允许(见审查指南)。特别值得指出的是，本领域的普通技术人员，根据这一功能性限定，只需经过多次试探，就能实施本发明。为了支持这一观点，我们参看说明书第7页第27行，此处指出了反射器可以模仿众所周知的光学反射器来设计。由此可以明确地得出结论，本领域的普通技术人员，根据权利要求1的限定，不必付出太多努力就能实施本发明。

例如，本领域的技术人员可能会认识到，反射器可以是说明书中所描述的适当的截头圆锥体形状，其角度最好在25°～40°的范围内。圆锥体的角度可以根据炉膛的特性来选择，以保证能量集中，并且，在某些情况下，可以在所述范围之外取值。本领域的技术人员也可能会认识到，反射器可以是杯状的，或具有抛物曲面，但仍能满足本发明的要求。这一认识并不需要创造性技能。

权利要求1的特征部分在对比文件Ⅰ、Ⅱ或Ⅲ中都没有公开，而且也不是一种常规改进。因此，与这些对比文件，特别是与对比文件Ⅲ相比，权利要求1不仅具备新颖性，而且具备创造性。

此外，为了支持本发明的新颖性和创造性，我们要说明的是：本发明关键在于认识到了反射会导致炉子效率降低的问题。所有对比文件都没有公开或甚至提及这一问题，对比文件Ⅲ与此背道而驰，它说需要反射来获得均匀微波场。

确实，将对比文件Ⅲ作为一个整体考虑，所讲的内容是背离本发明的。事实上，对比文件Ⅲ与本发明所提出的是对不同问题的不同解决方案，内容是不一样的。

修改后的权利要求1已经克服了审查意见通知书中所提出的意见，因此通知书第1条至第6条的意见不再适用。

……

如果审查员要驳回本申请的话，申请人请求允许口头审理。

代理人：×××

修改后的权利要求1：

1. 一种微波炉（10），包括安置待加热的食物（17）的炉膛（14），一个耦合到一根旋转天线（32）上的微波发生器（28），该旋转天线（32）与炉膛的一壁（14a）相邻，用于将微波发生器（28）所产生的微波能量辐射到炉膛（14）中，所述壁（14a）在所述旋转天线（32）之后带有一个凹面反射器（22），其特征在于，所述凹面反射器（22）的构形使得由反射器所反射的微波能量集中到炉壁的中心，从而使微波能量直接射到待加热的食物（17）上。

分析：

（1）该案中，审查意见通知书给出的对比文件Ⅲ公开了与该案结构相似的微波炉。初看上去，它们之间仅仅是安置在旋转天线与其后面炉膛壁之间的反射器的结构形状存在差别，而且这种结构上的差别对本领域技术人员而言，是显而易见的。因此，该案所要求保护的发明与对比文件Ⅲ相比被判定不具备新颖性似乎理所当然。但是，该案申请人在研究了对比文件Ⅲ之后，从对比文件Ⅲ关于其微波炉运行过程的说明中找出了与所要求保护的发明所存在的实质区别，这就是对比文件Ⅲ中的反射器是要使输入的微波能量产生多次反射，而权利要求1中的反射器则是要使输入的微波能量减少反射次数，所以两者之间所要解决的技术问题和所要达到的技术效果是相悖的。从而证明修改后的权利要求1具备新颖性和创造性。

（2）该案修改后的权利要求1与对比文件Ⅲ之间的区别特征是反射器的结构特征，该结构特征是用功能性技术特征限定的，而该功能性技术特征则是从发明说明书的具体实施方式及所说明的技术内容中概括形成的。因此，修改后的权利要求1是一项典型的含功能性技术特征的权利要求。

（3）意见陈述书的起始格式句一般为：

本意见陈述书是针对审查员于××××年××月××日第×次审查意见通知书所作的答复，并随此意见陈述书附上新修改的权利要求书和修改后的说明书替换页第×页至第×页。

第五章　其他相关思考

一、关于“放弃”（disclaimer）规定的思考*

有人将“disclaimer”译为“排除”，并认为“排除”（disclaimer）是指对权利要求引入的否定性技术特征，将特定的保护对象从原权利要求保护范围中予以排除，并且以“排除”方式进行修改。它通常发生在如下情形：专利申请由于部分重叠的抵触申请而丧失新颖性；专利申请由于现有技术意外占先（accidentally anticipate）而丧失新颖性……，❶ 同时还认为“我国国家知识产权局《专利审查指南》仅在涉及数值范围的情况下规定了‘排除’这种方式，适用范围似乎过窄”。❷

对于上述论点和采用该论点处理新颖性的做法，笔者认为有必要对在专利法律、法规中涉及的“disclaimer”进行具体的分析讨论。

“放弃”源于英文“disclaimer”。按照字面直译，“disclaimer”应该是“放弃权利要求的人”。因此，在专利法的语境下，“放弃”

---

* 此题是对本书第四章第二节“2. 新颖性”中提到的放弃所作的补充论述。——作者注

❶❷ 朱理. 专利文件修改基本问题研究：原理、标准与规则［J］. 中国专利与商标，2015（2）：10－23.

顾名思义就是申请人放弃所要求保护的权利要求。由此不难看出“disclaimer”一词中，并无“对权利要求引入的否定性技术特征，将特定的保护对象从原权利要求保护范围中予以排除”的含义。

发明或者实用新型专利申请中，使权利要求丧失新颖性的情况有三种，即：同样的发明、下位概念（具体概念）损害上位概念（一般概念）的新颖性、数据范围的部分重叠。这里所说的重叠，应该理解为技术方案与技术方案之间能够相互吻合。

当一项权利要求与现有技术（包括抵触申请）中的一项技术方案为同样发明而丧失新颖性时，申请人会将该权利要求删除，即实施了放弃行为。

当一项由上位概念（一般概念）技术特征，即功能性技术特征组成的权利要求（又称“功能性权利要求”），由于现有技术中存在含下位概念（具体概念）技术特征构成的同样技术方案而丧失新颖性时，虽然该功能性权利要求能够直接从该含下位概念技术特征的技术方案撰写中产生，但是，该含下位概念技术特征的技术方案却无法从该功能性权利要求中获得，所以，这两个技术特征之间不存在重叠或部分重叠。然而由于下位概念损害上位概念的新颖性的规定，因此，申请人仍然应当将该功能性权利要求删除以示放弃。同时，申请人会将由多个实施例撰写成的从属权利要求提升为并列的独立权利要求，以使他应有的基本权利得到保障。

假如此时，申请人不按照上述方式处理该功能性权利要求，而是按照所谓的“排除”将现有技术中所说的下位概念技术特征以否定性技术特征引入该功能性权利要求以示放弃，那么，这种处理结果不仅不符合权利要求应该以肯定的技术特征表述的规定，而且还违背了下位概念损害上位概念的原则和先申请原则。更严重的是，这种处理方式会诱导人们将现有技术中采用下位概念技术特征表述的发明改写成采用上位概念技术特征表述的功能性权利要求来获取专利权。这显然有悖于专利保护是以采用技术方案表述首创发明构思的基本原则。

当由数值范围组合成的权利要求因为现有技术存在含有其部分重叠的数值范围构成同样发明而丧失新颖性时，申请人可以按照《专利审查指南》中关于数值范围修改的规定，将损害新颖性的重叠部分的数据范围从该权利要求中删除，以示放弃。之所以可以这样处理，是因为数值范围所具有的特点。

众所周知，数值范围是由一系列连续但又独立的单个数值构成的。数值范围中的每一个值都可以作为一个技术特征组合在一项权利要求中。如果要将一个数值范围的发明采用对应于该数值范围中每个数值构成的相应的多项权利要求来表述的话，显然是无法做到的。因此，在实务中是把对现有技术作出贡献的数值范围的技术特征作为一项权利要求中的一个必要技术特征来表述的。由于数值范围是由许许多多连续又独立的单个数值构成，所以一项含数值范围技术特征的权利要求实际上是隐含着与该数值范围中各个数值对应的多项权利要求。当申请人按照“disclaimer”删除使该权利要求丧失新颖性的部分数值时，就意味着删除了相应于这部分数值范围组成的多项权利要求。这种删除所表示的“放弃物”依然是权利要求，即权利要求的放弃，而不是放弃技术特征。

“放弃”之所以仅在《专利审查指南》中对数值范围发明的权利要求在丧失新颖性的情况进行修改时予以明示，是为了提醒申请人注意，一项数值范围发明的权利要求是包含着许多项并列的权利要求，以免申请人忽略这一特点而放弃了可以获得的专利权。所以，《专利审查指南》在此处引入“disclaimer”并非为了限制适用范围，而是为了使申请人的利益得到更好的保护。

二、功能性权利要求的形成及其特点

功能性权利要求是指在由必要技术特征组合形成的权利要求中，

对现有技术作出贡献的技术特征是采用功能性特征限定的。

多年来，功能性权利要求一直是人们讨论的问题。原因之一是由于中国专利法及其实施细则中没有美国专利法第 112（f）条“用于权利要求组合的一个要素可以用实现所述功能的装置或步骤表述，不需要详述支持它们的结构、材料或者动作，并且该权利要求应当被解释为覆盖了说明书中所说明的相应结构、材料或者动作以及其等同物”[1] 这样涉及功能性权利要求的规定，因此，在中国发明专利申请中是否存在功能性权利要求就成为争论的热点；原因之二则是由于功能性权利要求能使发明具有最大的保护范围，因此，申请人为了能通过在中国申请发明专利来获得最大的权利，对功能性权利要求是否成立也给予了极大的关注。

笔者将通过以下两个方面来探讨上述所说的问题。

（一）功能性权利要求的形成

“说明书应当对发明作出清楚、完整的说明，以所属技术领域的技术人员能够实现为准；权利要求应当以说明书为依据，清楚、简要地限定要求专利保护的范围”，这是建立专利制度的基本原则，也是时至今日各个国家立法时所遵守的原则。

但是，由于各个国家立法时的历史背景不同，因此所制定的具体条款及实施方式就有所差别。中国专利法与美国专利法在立法的时间上相距近 200 年，立法时的历史背景也截然不同，所以在研究它们之间有关功能性权利要求的问题时，如果不考虑历史背景的差异，仅从字面上进行比对，结论必然是中国专利法中没有功能性权利要求的规定，从而中国发明专利申请中没有功能性权利要求。然

[1] 原文为：“An element in a claim for a combination may be expressed as a means or step for performing a specified function without the recital of structure, material, or acts in support thereof, and such claim shall be construed to cover the corresponding structure, material, or acts described in the specification and equivalents thereof.”

而，查阅中国的专利文献，在许多技术领域中都能发现存在功能性权利要求，且有的已经授予了专利权。因此要确定功能性权利要求，在美国是采用法律条款的规定来实现的，而在中国则是直接通过发明专利申请来实现的。其中原因只能从功能性权利要求形成的过程中寻找答案。

1. 美国专利法第 112（f）条的形成

美国专利法于 1790 年 4 月 10 日生效实施。此时的说明书中没有权利要求，只有发明的说明部分。

当时正处在产业革命时代，发明主要是以机械制造业为主。随着工业的迅速发展，那些容易与公知技术明显区分的开拓性发明逐渐被大量的改进型发明所替代。因此，说明书中泛泛记载发明内容的说明就无法反映出哪些部分是公知技术，哪些部分是新创造的内容，从而导致了公众与法院在判断什么是实际的发明时产生了极大的困难。于是在 1818 年，美国法院通过 *Evans v. Eaton* 案的判决指出："对于机械的改进要求专利保护时，应当有义务将改进之所在表示出来"。该案于 1822 年上诉到美国联邦最高法院时，法院对有关新旧技术区别的条件又给出了更严格、更明确的说明，即"说明书有两个目的：第一，使人知悉机械的构造方式，以便该行业者能够制作和使用该机械，从而将发明的利益带给公众；第二，使公众知道所要求保护的发明是什么，说明书应该将发明与公知事物作区别。对于改进发明的说明书，只要将改进了何处，其构成为何，发明所涵盖的范围为何，均加以说明的话便已足够。但是若将新旧事项混合在一起，仅说明装置的整体，而并未说明属于发明改进的性质与界限的话，便不够充分。"由此，美国专利说明书中形成了两个主要部分，即背景技术及发明的最佳实施例。此时，对专利申请的审查则是将最佳实施例公开的发明与背景技术进行比较，以判断要求保护的发明是不是新的，是否是有用的。

随着产业的发展和技术多样化的结果，法院或者公众根据说明书的叙述又产生了无法判断是否存在侵权行为的问题。有时法院或者公众从说明书中所得出的结论甚至与申请人所要求保护的范围存在一定的差距。因此，申请人为了保护自身的权利，开始在说明书中根据所公开的最佳实施例利用权利要求（claim）的用语来明确所要求保护的范围。所以权利要求是申请人“发明”的，是一种自发的行为，因此撰写的情况十分混乱，且越用越普遍。为此，美国国会在1836年的专利法中明确规定“完整的说明书应当以明确记载所要求保护的发明为终结”。由此，从法律上确定说明书中应当具有权利要求。同时，美国专利法中对权利要求的撰写也作了规定，即“申请人须将自己所发明或发现的零件、改良或者组合予以特别指定，指出……”，这样的撰写规定在学说上被认为是“中心限定论”。

“中心限定论”是指撰写的权利要求应当记载最佳实施例。虽然“中心限定论”所撰写的权利要求是以发明的最佳实施例来表述的，但是，实际在理解时，则认为是包含所有等同实施例。结果在侵权判断时，如何从权利要求所限定的最佳实施例扩张到合理的保护范围就产生了困难，从而需要对权利要求的撰写进行修改。

1870年，美国专利法对权利要求的撰写重新作出了规定，即“申请人应当将认为是自己的发明或者发现之制品、改良或组合予以具体的指出，明了的请求”。这样的修改使得对所要求专利保护范围的扩张责任转移给了申请人，使权利要求保护的范围从“中心限定论”转换为学说上认为的“周边限定论”。“周边限定论”是指所撰写的权利要求应当记载发明整体的上位概念。换句话说，就是权利要求应当清楚记载所要求保护发明的边界或周边的范围。

此时，美国专利法实施细则还明确规定权利要求应当由三个部分构成：第一部分为前序部分，包含要求组合的所有惯用的或已知的构件或步骤的一般说明；第二部分为连接部分；第三部分为主体部分，包括发明创造的全部特征，并且应当具体记载各个特征之间的关系或者彼此之间的互动。其中，所说的连接部分应当采用“wherein the important comprise”表述。

这种对权利要求撰写的规定使美国专利法转向“周边限定论”体系，并且通过实践逐渐将连接部分演变简化成“comprising”“including”“containing”“characterised”，也可以是“consisting of”或者“composed of”。上述前面四个词中的任一词作为连接词撰写成的权利要求被称为“开放式权利要求”，表明在构成权利要求的全部技术特征之外，还有其他附加的技术特征；上述后面两个词中任意一个词作为连接部分撰写成的权利要求被称为“封闭式权利要求”，表明要求保护的范围仅限于权利要求的全部技术特征，不再有其他附加的技术特征。采用规定的连接部分撰写权利要求来表明要求保护范围的宽或窄❶，解决了按“中心限定论”撰写的权利要求在侵权时如何使保护范围合理扩张的难题。

1952年后，为了能更充分展现“周边限定论”体系撰写权利要求的方式，允许采用“功能＋装置（或方法）”来限定组合在权利要求中的技术特征，从而使美国专利法第112（f）条关于功能性权利要求的撰写方式得以采用法律条文的规定形成。

2. 中国发明专利申请中功能性权利要求的形成

中国《专利法》于1984年3月12日由全国人民代表大会常务委员会通过，1985年4月1日生效，是一部完整的专利法律。

此时之前，由于1970年6月19日在华盛顿签订的《专利合作条约》（PCT）以及1973年签订的《欧洲专利公约》都属于“周边

---

❶ 美国为了从中心限定体系转变为周边限定体系，采用连接用语的方式撰写权利要求来表述保护范围的宽与窄。这与当前大多数国家专利法中所规定的采用独立权利要求及从属权利要求表述保护范围的宽窄完全不同。采用连接词撰写的每项权利要求都是独立权利要求。据资料记载，美国的一件专利申请中，以连接用语方式撰写的独立权利要求竟达二百多项。见［美］J. M. 穆勒. 美国专利法［M］. 3版. 沈超，李华，吴晓辉，等译. 北京：知识产权出版社，2013.

限定论”体系的法律体系，因此中国在建立专利制度时有所借鉴。

中国专利法是以“周边限定论”为体系制定的。说明书中背景技术部分只需记载与发明最接近的现有技术，而发明的说明部分则通过实施例或者实施方式，包括由等同物构成的实施例对发明进行充分的公开；权利要求应当以说明书为依据，通过概括使所要求保护的发明在整体上以上位概念表述。

通过概括形成权利要求的撰写方式包含两个方面：一方面是根据具体描述的实施例或者实施方式概括形成由必要技术特征组合成的技术方案；另一方面是将多个实施例或者实施方式中，对现有技术作出贡献的、相应的、具有相同功能但具体构成不同的装置、材料或动作，概括成采用它们共同具有的功能性特征来限定所说的装置、材料或步骤，从而形成了功能性的权利要求。

为了理解中国发明专利申请中如何撰写形成功能性权利要求，下面通过“功能＋装置”及“功能＋步骤”两个案例进行说明。

案例一：便携式牙刷（功能＋装置）

该发明要解决的问题是使牙刷、牙膏合成一体，便于携带和使用，以解决现有技术中牙刷与牙膏分离使用的缺陷。

说明书中公开了两个实施例：其一，便携式牙刷是由牙刷本体、兼作刷柄的盒体和软袋牙膏组成，牙刷本体与盒体用铰链连接，盒体形状是细长方体，盒体上壁有一个形状、大小与刷毛相应的开口，当牙刷折叠起来放置时，牙刷刷毛正好扣入此开口中，盒体底部开有一个孔，置于软袋牙膏下方的一压板上有一凸块，该凸块从所述的孔中伸出，软袋牙膏放置在压板上，带有牙膏盖的软袋牙膏的出膏口与盒体上壁开口的位置相对应，当向上推动该凸块时，所说压块可挤压软袋牙膏，从而使牙膏挤到牙刷的刷毛上。盒体一端有端盖，其内壁上有 2 至 4 个凸起，它与盒体侧端外壁上的开口相卡紧。其二，便携式牙刷是由牙刷本体、兼作刷柄的盒体和软袋牙膏组成，牙刷本体与盒体用铰链连接，盒体形状是细长方体，盒体顶壁有一个形状、大小与刷毛相应的开口，当牙刷折叠起来放置时，牙刷刷毛正好扣入此口中，在盒体远离刷毛那一端设置了一块可移动板来代替实施例一中所说的压板，该可移动板侧面有一个突出的拨块，盒体壁上与此拨块相对应的位置处开有一条沿盒体长边走向的长条形槽，可移动板上的拨块从此长条形槽中伸出，沿着长条形槽拨动拨块时，可以使可移动板沿着盒体长边方向移动，从而挤压软袋牙膏。

根据上述发明所公开的两个实施例，就可以着手撰写独立权利要求。

首先，应当根据实施例所公开的发明进行概括。由于每个实施例都是一个能够独立实现所要求保护发明的一种方式，所以该案中的两个实施例应当分别进行概括，从而可以概括出两个并列的、由必要技术特征组成的独立权利要求。

权利要求1：一种便携式牙刷，由牙刷本体兼作刷柄的盒体和置于盒体内的软袋牙膏组成，牙刷本体和盒体之间为可折叠连接，其特征在于，盒体的上壁上有一个形状、大小与刷毛相应的开口，该开口的位置可使牙刷本体的刷毛通过该开口扣入盒体中，软袋牙膏的出膏口与扣入开口的刷毛的位置相对应；盒体底部开有一个孔，置于软袋牙膏下方的一压板上有凸块，该凸块从所述的孔中伸出。

权利要求2：一种便携式牙膏，由牙膏本体兼作刷柄的盒体和置于盒体内的软袋牙膏组成，牙刷本体和盒体之间为可折叠连接，其特征在于，盒体的上壁上有一个形状、大小与刷毛相应的开口，该开口的位置可使牙刷本体的刷毛通过该开口扣入盒体中，软袋牙膏的出膏口与扣入开口的刷毛的位置相对应；在盒体远离刷毛开口的那一端设置一块可移动板，该可移动板的侧面有一突出的拨块，在盒体壁上与此突出的拨块相对应的位置处，开有一条沿着盒体长边走向的长条形槽，可移动板上的突出拨块从此长条形槽中伸出，该突出拨块可沿此长条形槽移动。

当概括出两个并列的权利要求的技术方案后，应当将该两个技术方案进行对比，从中可以发现由于具有凸块的压板和具有突出拨块的可移动板所构成相应装置的不同而使得所概括出的、并列的两个技术方案存在差异。然而，这两个装置虽然结构不同，但在各自的技术方案中都具有“用于挤压盒体内软袋牙膏”的相同功能，因此将该两个不同结构的装置概括成采用共同具有的功能来限定结构不同的装置就可将两个技术方案撰写成一项由“挤压软袋牙膏的装置”组合而成的独立权利要求，即

权利要求：一种便携式牙刷，由牙刷本体、兼作刷柄的盒体和置于盒体内的软袋牙膏组成，牙刷本体和盒体之间为可折叠连接，其特征在于，盒体的上壁上有一个形状、大小与刷毛相应的开口，该开口的位置可使牙刷本体的刷毛通过该开口扣入盒体中，软袋牙膏的出膏口与扣入开口的刷毛的位置相对应，盒体中有一个挤压软袋牙膏的装置。

该独立权利要求覆盖了原先概括形成的两个并列权利要求的范围，而该两个并列的权利要求则分别成为该独立权利要求的从属权利要求。

上述案例通过分解概括的两个方面的处理过程，清楚地说明如何由此撰写出功能性权利要求。

申请人在理解了如何概括产生技术方案以及如何概括产生功能性特征的过程之后，完全可以一次性地根据说明书所公开的发明撰写出功能性权利要求。

便携式牙刷是一种产品，因此所撰写的权利要求是产品的功能性权利要求。

同样，方法类的功能性权利要求也是在概括方法的技术方案的同时，根据说明书所公开的多个实施方式中，将对现有技术方法作

出贡献的、相应的、采用不同动作达到相同功能的步骤进行概括产生由功能性限定的步骤来形成的（参见案例二）。

案例二：制造圆柱形电容器下电极、圆柱形电容器和半导体器件的方法（申请日为 2000 年 4 月 30 日、申请号为 00106196.8）

该发明的方法是在针对现有技术在制造圆柱形电容器下电极的方法中，采用垂直入射光进行曝光，因此在圆柱形电容器的孔内不能留下足够多的光刻胶，用于保护其内的导电膜，也不能彻底去除孔外的光刻胶，从而造成圆柱形电容器下电极间短路，导致生产率降低的缺陷而提出的。该发明的方法对曝光步骤进行了改进，采用相对于垂直于半导体衬底方向的入射角在 10°以内的光线不超过晶片上整个入射光的 50%。为实现所述的曝光条件，说明书中给出了 5 个实施例。实施例一是利用多角镜在 Y 轴方向移动晶片，从而对晶片的整个表面进行曝光；实施例二是将晶片固定于工作台上，在曝光步骤中，利用 $\theta=35°$的斜入射光中的宽平行束，该斜入射光的宽平形束应大到足以至少覆盖晶片表面上的所有半导体元件；实施例三是使晶片固定于绕旋转轴旋转的工作台上，斜入射光中的宽平行束通过利用包括会聚透镜、光阑和准直透镜的光学系统形成；实施例四是利用还原投影曝光系统进行曝光，首先从光源发射的入射光由反射镜会聚，在穿过延迟透镜后，在光积分器的作用下被均匀化，然后，入射光在 σ 光阑接受对它的分辨率调节，并进入准直透镜，被设置和合并成平行束，之后光进入原版并通过包括第一投影透镜、NA 光阑和第二投影透镜的还原光学系统引进，然后进入晶体表面。在上述曝光系统中，光学系统设置成使光网上的垂直入射光直接垂直进入晶片，另外，到达光网表面上的斜入射光也斜向进入晶片。实施例五与实施例四不同之处在于将限制角度的滤光片（第一光瞳滤光片和第二光瞳滤光片）加到还原投影曝光系统的光学系统中。

说明书公开的 5 个实施方式中，对应的利用 5 种不同结构的装置达到相同的曝光功能。因此，通过概括可以撰写出该发明方法的功能性权利要求。

1. 一种制造半导体器件的圆柱形电容器下电极的方法，包括以下步骤：

在形成了半导体元件的半导体衬底上，形成层间绝缘膜；

在所述层间绝缘膜的预定区域中，开出一凹下部分，将该部分用作圆柱形电容器下电极的模具；

在包括所述凹下部分的内壁的所述层间绝缘膜上，在不改变凹下部分形状的条件下，形成导电膜；

用正型光刻胶厚厚地涂覆所述导电膜，填充所述凹下部分；

曝光所述导电膜上的所述光刻胶，同时保留所述凹下部分内的所述光刻胶；

进行深腐蚀，其中利用腐蚀，选择性去除所述层间绝缘膜上的所述导电膜，同时保留所述凹下部分内的所述导电膜；及

进行剥离，去除所述凹下部分内的所述光刻胶；其中

在所述曝光步骤中，至少是在所述下电极形成区中的曝光要满足：相对于垂直于半导体衬底方向的入射角在10°以内的光线不超过晶片上整个入射光的50%。

追溯专利制度的发展历程，可以发现，在中国的发明专利申请中，根据说明书所公开的发明实施例，是可以撰写出符合专利法有关周边限定体系规定的功能性权利要求的，而且其中的功能性特征是由实施例或实施方式中相应装置、材料或动作在技术方案中所起的相同作用概括产生的。因此，在审查功能性权利要求时，只需确定该功能性权利要求是否以说明书为依据，是否能够实施即可。但是，由于美国的专利法是在工业革命初期专利制度原始态的背景下建立的，许多具体实施法规只能在实践过程中由美国联邦巡回上诉法院（CAFC）通过判例进行指导、修正及完善，从而也限定了美国

专利制度采用的是判例制（也称为 case law）。因此，美国专利法中的功能性权利要求经过了曲曲折折的过程，直到 1952 年，最终通过专利法第 112（f）条的规定完成法典化。然而由于受中心限定论的影响，在审查功能性权利要求时，往往习惯从现有技术着手进行判断。所以曾经使人认为美国对功能性权利要求的审批相当宽松。直到 1994 年，美国联邦巡回上诉法院通过对 *Donaldson* 案的判决，在指出 40 多年来对功能性权利要求的审查过多地考虑现有技术是不恰当的同时，进一步给出“审查员可以给出装置加功能语言的‘最宽的合理的解释’是法律规定在第 112（f）条中的说明，因此当作出专利性的决定时，美国专利商标局不可以不考虑在说明书中公开的与这种语言相应的结构”的教导，并且还给出了什么是功能性用语，以及在审查时，对功能性特征存在疑义时应当由申请人给予说明或证明等有关审查的具体规定。

对比之下，美国对功能性权利要求的撰写方式与审查规定都比中国实施的方式要复杂得多。这是因为时代背景的差异，使得美国对权利要求的撰写方式从历史上的中心限定论逐渐演化成为现在的在美国所适用的周边限定论。[1] 所以，时至今日，除了美国专利法第 112（f）条对功能性权利要求的规定外，曾经于 1870～1952 年采用连接词“comprising”等表示周边限定论的撰写及审查方式，至今依然习惯性地被应用。然而，在中国，功能性权利要求的撰写是直接依据说明书所公开的发明通过概括形成上位概念的技术方案来体现

[1] 美国现行的适合美国的周边限定论是由于美国专利制度发展过程造就的，与其他国家所实施的周边限定论在权利要求的撰写、审查及判断方面存在很大的不同。所以美国虽然是《专利合作条约》（PCT）的起草国之一，但是，由于其对权利要求的撰写、审查及判断的方式与其他成员存在差别，因此，美国只承担 PCT 的国际检索工作，而不参与 PCT 的国际初步审查工作。另外，美国实行案例法，对统一和规范审查及判断的法律标准是有益的，但是，对错判（曾对永动机专利申请授予专利权）或不适当判决的案例来说，则需经过一段时间通过之后的案例才能纠正。所以有时会发现某些案例的判断及给出的规定比之前的判定更加严格，似乎对此类申请的保护范围明显收缩。然而，这种之后的案例仅仅是为了纠正之前的错判或不恰当的审查及判定，以使授权的标准更加符合专利法的基本立法原则。

周边限定论的，因此，不存在采用所说的连接词撰写权利要求的方式。另外，中国只受理中文撰写的说明书及权利要求书，因此在审查和侵权判断时，是以中文文本为依据的。当然，对于受理英文申请文本的国家而言，例如欧洲专利局，在其有关的法规中引入连接词的撰写方式应当是正常的，因为在审查或侵权判断时，直接面对的是由连接词撰写的英文文本。所以为了公平、公正地保护采用英文申请人的利益，引入连接词的撰写并考虑美国专利审查及侵权判断的原则显然是必要的。

美国实施专利制度已有200多年，对于其后建立专利制度的国家提供了极其重要的经验和教训。但是，中国专利法律在采纳或引入美国或其他国家专利制度的经验及规定时，应当考虑历史背景及国情。

（二）功能性权利要求的特点

获得专利权的功能性权利要求能使专利权人的技术或方法得到最大的保护范围。换句话说，如果此时有生产或实施由实现相应功能的不同装置、材料或步骤组合形成的与获权的功能性权利要求同样的产品或方法，就构成侵权产品或方法。例如，前文所述便携式牙刷的功能性权利要求在获得专利权后，发现市场上销售的一种便携式牙刷除了挤压软袋牙膏的装置是在远离刷毛的盒体一端有一开孔，该端内设置一与盒体内壁滑动配合的滑块，通过开孔推动滑块实现挤压软袋牙膏外，与获权的功能性权利要求的便携式牙刷完全相同，则该由滑块组成的便携式牙刷就构成侵权物。

但是，该通过盒体一端开孔推动滑块构成的便携式牙刷，如果只是在该获权的功能性权利要求的申请日之后申请并公开的一件专利文献（未授权或已授权）中或者是发表在杂志上的一篇文章中，则不构成侵权。这是因为专利权人的利益只有在市场经济中受到损害时才构成侵权，而文字上的公开并不会使专利权人在经济上受到任何侵害，故不构成侵权。在此顺便提一下，功能性权利要求虽然保护范围最宽，但并不能垄断其所属的技术领域，所以对其进一步的具体改进的发明依然被允许，如果具体改进具备创造性的话，仍可获得专利权。

撰写成功能性的权利要求并非都能获得专利保护。因此，申请人在撰写功能性权利要求时，应当关注功能性权利要求能够获得专利权的一些特殊问题。

首先，功能性权利要求应当得到说明书的支持。功能性权利要求中的功能性特征是根据说明书所公开的两个以上的实施例或实施方式概括产生的，如果说明书中仅公开一个实施例或者实施方式时，是不可能撰写出功能性权利要求的，即使人为地撰写成功能性权利要求，也无法得到说明书的支持。然而有一些发明，虽然在说明书中公开了多个实施例，且通过概括可以撰写出功能性权利要求，但是，由于其中的功能性特征与该发明中的其他技术特征之间存在相互制约或者应变的关系，而这种关系如果在说明书中并未公开，本领域技术人员也就无法知晓，那么这样撰写成的功能性权利要求也得不到说明书的支持。例如，名称为“校正波阵面错误的透镜及其光学拾取器和校正方法”的发明专利申请，其权利要求如下：

1. 具有多个物镜的光学拾取器，其中多个物镜中的至少一个配置为使得主要由多个物镜中的所述至少一个的倾斜产生的波阵面错误类型与主要由光线入射到多个物镜中的所述至少一个的角度产生的波阵面错误类型相同，由此通过调整光入射到物镜的角度来校正由物镜倾斜产生的波阵面错误。

该发明的说明书中通过表 2-5 的数据[1]说明该发明能够实施的实例。但是，由于该发明是多个物镜的组合，因此各物镜表面的曲率半径、镜片厚度、镜片间距、镜片材料以及光入射在透镜上的角

[1] 此处指“校正波阵面错误的透镜及其光学拾取器和校正方法”发明专利申请的说明书中的表 2-5，由于表 2-5 不是本文阐述重点，故略过。——编辑注

度都与实现所述功能性特征有密切联系，然而说明书中并未公开这些参数之间的关系，只是以实施例中记载的特定方式给予说明，使所属技术领域的技术人员不能明了此功能还可采用说明书中未提到的其他替代方式来完成，所以该功能性权利要求得不到说明书的支持。

当然，如果说明书中公开了功能性特征与发明的其他技术特征之间存在的相应关系，使本领域的技术人员能够实施功能性权利要求所要求保护的范围，则该功能性权利要求就得到说明书的支持。例如发明名称为“微波炉”的发明专利申请，其权利要求如下：

1. 一种微波炉，包括安置待加热食物的炉膛、通过波导管与旋转天线耦合的微波发生器，该旋转天线与炉膛的一壁相邻，用于将微波发生器所产生的微波能量辐射到炉膛中，其特征在于，旋转天线后面与之相邻的所述炉膛壁上安置有一个凹面反射器，用以向待加热的食物直射微波能量。

该发明在说明书中对微波炉的具体结构作了详细说明，特别是对现有技术作出贡献的凹面反射器的安置及功能给予充分公开，并指出为使通过凹面反射器所反射的微波能量集中到炉膛中心，并直接射到待加热的食物上，凹面反射器对于现有技术中典型的微波炉炉膛几何尺寸来说有用的倾角范围为25°～40°。因此，凹面反射器的倾角主要与炉膛壁的几何尺寸相关，所以凹面反射器的几何形状可以基本上模仿光学反射镜的方式来设计。

由此，本领域技术人员根据说明书所公开的内容，对各种几何尺寸炉膛的微波炉中所安置的凹面反射器来说，只需要按照光学反射镜的方式进行设计就可以实现使微波能量直射到待加热的食物上。所以，该功能性权利要求得到说明书的支持。

其次，功能性权利要求应当不存在“下位概念（具体概念）损害上位概念（一般概念）的新颖性”的情况。

功能性权利要求中的功能性特征是由说明书所公开的实施例或

者实施方式概括形成的上位概念的特征。如果现有技术中存在能完成该功能的具体结构组合形成的同样发明（可以是文字表述的，也可以是具体实物）时，则根据“下位概念损害上位概念的新颖性”的规定，该功能性权利要求就丧失新颖性。例如，前文中提及的“便携式牙刷”如果是一件正在实质审查的发明专利申请，其权利要求1中的功能性特征“挤压软袋牙膏的装置”是由说明书公开的两个实施例概括形成的上位概念的技术特征。此时，如果前文中所说的通过盒体一端开孔推动滑块挤压软袋牙膏（下位概念）组合成的同样便携式牙刷是一件现有技术，那么所审查的便携式牙刷申请中的功能性权利要求就丧失新颖性。因此，申请人在撰写功能性权利要求时应当了解现有技术中是否存在由下位概念组成的同样发明。但是，要求申请人对现有技术了如指掌显然是极其困难的，也是不现实的。为此，申请人在撰写出功能性权利要求之后，应当将说明书所公开的实施例分别以该功能性权利要求的从属权利要求撰写于其后。这样，即使该功能性权利要求丧失了新颖性，但是由于从属权利要求的存在，也使申请人的基本权利依然得到了保障。

通过对申请的功能性权利要求及授权的功能性权利要求的分析，发现申请的功能性权利要求中所说的功能性特征并不覆盖能够实现该功能的所有实施方式。一旦现有技术中存在能够实现该功能的任何具体结构组合成的同样发明时，该功能权利要求便不复存在。所以，申请的功能性权利要求中所说的功能性特征只覆盖说明书所公开的实施方式。然而，授权的功能性权利要求中所说的功能性特征则是覆盖了能够实施该功能的所有实施方式。

由此可以看出，申请的功能性权利要求是以申请日提交的说明书为依据，授权的功能性权利要求是以侵权日提交的侵权物为依据，从而证明申请的功能性权利要求与授权的功能性权利要求在保护范围上存在差异。

三、权利要求的重要性（一）

在专利法实施的过程中，权利要求是人们关注的焦点。

申请人关注的是申请的权利要求所表述的产品或方法是否能获得专利权；审查员关注的是权利要求所表述的产品或方法是否具备实用性、新颖性和创造性；公众关注的是授权后权利要求所表述的产品或方法是否具有经济价值；法官关注的是侵权诉讼中权利要求所表述的产品或方法是否被侵权。

总之，权利要求成为人们讨论和研究的课题。美国是 1790 年首先建立专利制度的国家。在没有任何可借鉴的条件下，依据法律规定和美国联邦巡回上诉法院所作出的判例指导实践，经过 200 年艰难曲折的道路，形成现在适合美国的周边限定专利体系，但为之后建立专利制度的国家提供了极其宝贵的经验教训。因此在研究权利要求时必然会涉及美国的专利法。

笔者通过剖析以下问题来说明权利要求在专利法中的位置。

（一）权利要求是专利申请文件的支柱

1790 年美国专利法规定申请专利时应当提交关于发明背景技术和最佳实施例的说明书。但在实践中，特别是发生侵权时，专利权人、公众和法官对所要求保护的产品或方法的认知相差极大。1811 年 1 月 9 日，申请人富尔顿在其申请汽船专利的说明书最后写明："我的权利要求是在小船底部安装的机座上设置发动机和机器，该机座必须是长形、通气和有强度的，以便承受机器的重量和发动机的运行，且为了不损坏船，该机座必须分配在船的相当大的表面上。"由此申请人所要求保护的产品或方法就一目了然了。随后的申请人也纷纷照此撰写。因此说权利要求是申请人发明的。1836 年美国国会在专利法第 112 条中明确规定说明书中应当记载权利要求。权利要求的形成使申请人要求保护的产品或方法得以清楚和明确，奠定了专利申请文件的法律格式。

（二）权利要求是中心限定论和周边限定论的标志

美国最早的权利要求是以最佳实施例为依据撰写的，因此认为其保护范围应该以该权利要求为中心向周围扩张，这就产生了以最佳实施例撰写的权利要求为标志的中心限定论。如何从该权利要求扩张到合理的保护范围成为中心限定论必须解决的问题。1870 年，美国通过修改专利法规定保护范围的周边应当由申请人撰写权利要求时给予限定，从而产生了所说的周边限定论。但是如何撰写体现周边限定论的权利要求并没有给出具体说法。当时只是将美国专利法实施细则第 1.75（e）条规定的由前序及短语和构成要求组合的、申请人认为是新的或改良部分的那些构件、步骤和/或相互关系组成的权利要求中的短语作了法律规定：当短语是包含（comprising）时，称为“开放式权利要求”，表示要求保护的范围除构成权利要求的全部技术特征之外还有其他附加技术特征；当短语是“由……组成”（consisting of）时，称为“封闭式权利要求”，表示要求保护的范围就限于权利要求的全部技术特征，不再有其他附加技术特征。这样的规定并未体现出周边限定论的实质。直到 1952 年美国专利法第 112（f）条“用于权利要求组合的一个要素可以用实现所述功能的装置或步骤表述，不需要详述支持它们的结构、材料或者动作，并且该权利要求应当被解释为覆盖了说明书中所说明的相应结构、材料或者动作及其等同物”的规定，确定了权利要求中和新颖性有关的一个要素可以用其能够实现的功能来限定所述的装置或步骤，而不需要按之前的规定用具体的结构、材料或动作来限定，从而在理论上使代表周边限定论的权利要求是功能性的权利要求得以明确。但是依旧没有教导如何撰写出功能性的权利要求。1994 年，美国联邦巡回上诉法院通过 *Donaldson* 案指出 40 年来所撰写的权利要求并不符合美国专利法第 112（f）条规定，同时通过该案例规定了什么是功能性用语，从而使美国的周边限定论进一步明晰。然而依旧没有给出如何撰写体现周边限定论权利要求的案例。1970 年 6 月 19 日在华盛顿签订的《专利合作条约》（PCT）中明确了说明书中应当记载（多项）实施例，权利要求应当依据实施例概括形成。在实践中，概括包括技术方案的概括和技术特征的概括，从而使申请人自然而然就可以撰写出功能性的权利要求。例如，发明是一种运动鞋，由固定在鞋底上的前面左右分开的两个鞋帮组成，两个鞋帮之间有一个装置使它们连接在一起。说明书给出了用鞋带或拉链实现连接的两个实施例，依据实施例可以概括出两个技术方案，也就是两项权利要求：

1. 一种运动鞋，由固定在鞋底上、前面左右分开的两个鞋帮组成，其特征是所述的左右分开的两个鞋帮之间由鞋带连接。

2. 一种运动鞋，由固定在鞋底上、前面左右分开的两个鞋帮组成，其特征是所述的左右分开的两个鞋帮之间由拉链连接。

这两项独立权利要求之间的差别是相应的技术特征采用了功能相同、结构不同的装置表述，由此再进行技术特征的概括，就获得了功能性的权利要求：一种运动鞋，由固定在鞋底上、前面左右分开的两个鞋帮组成，其特征是所述的左右分开的两个鞋帮之间设有一个连接装置。由此，周边限定论从理论和实践上得以完善。所以，依据说明书进行概括形成的功能性权利要求就成为周边限定论的标志。

（三）权利要求是发明构思的化身

专利保护的是具备实用性、新颖性和创造性的产品或方法。但是在申请专利时，专利保护是用权利要求所表述的技术方案来实现的。技术方案是由构成产品或方法的技术特征组合形成的。这种组合不是机械地组合，更不是文字游戏，而是活灵活现描绘出发明人实现其发明的思维过程，这就是所说的发明构思。所以一项权利要求就代表了一种发明构思。换言之，发明构思是由权利要求所表述的技术方案来体现的。

专利权是排他权，不允许相同构思的发明都获得专利权。申请在先的规定就保证了“一发明一专利”的实施。同时，专利保护的是鲜为人知的发明构思，为此有“下位概念使上位概念丧失新颖性”的规定，即当权利要求是由上位概念技术特征组合的技术方案（以下简称“上位权利要求”），如果现有技术中存在同样发明的，由下位概念技术特征组合的技术方案（以下简称“下位技术方案”）时，上位权利要求就不具备新颖性。这是因为它们是同样的发明，并且上位权利要求可以从下位技术方案直接获得，因此它们的发明构思相同，而且公众早已能根据下位技术方案获得所说的产品或方法，所以申请专利的上位权利要求没有新颖性。例如，权利要求是一种运动鞋，由固定在鞋底上、前面左右分开的两个鞋帮组成，其特征是所述的左右分开的两个鞋帮之间设有一个连接装置。但在现有技术中已有一种运动鞋，固定在鞋底上的、前面分开的左右两个鞋帮之间是用拉链连接的。由此该权利要求丧失新颖性。

专利保护的产品或方法涉及的技术领域极其广泛且不相同。因此为了便于审查并使公众可以一目了然地知道申请的发明主题是什么，专利法中规定了发明构思单一性的条款，也就是一件发明专利申请中只允许有一项独立权利要求，除非在有和该独立权利要求的发明构思存在相关联的其他独立权利要求时，才允许一件申请中有多项独立权利要求，例如一种产品和该产品的制造方法。

（四）权利要求是记录法律和科学技术进程的载体

在工业革命的初期，要求专利保护的发明都是人们不知道的产品或方法，称为首创型发明，因此权利要求是以构成产品或方法的整体技术特征来表述的，而且以机械产品或方法为主。随着工业革命的发展，对已知产品或方法进行改进的发明越来越多，称为改进型发明。权利要求根据法律规定不再以产品或方法的整体技术特征表述，而是要清楚表明发明对现有技术的贡献是什么，这也就是之后形成贡献论的依据。当然，有的发明创造不适合采用贡献论表述。例如，方法发明、首创型发明的权利要求依然是用整体技术特征表述的。此时，权利要求所表述的产品或方法也已不只限于机械领域，而是涉及人类生活的各个技术领域。总之，不同时期的权利要求反映了不同时期法律和科学技术的状况，并且通过权利要求还能见证各个时期发明人所具有的技能和智慧。

专利权属于知识产权，是一种和有形产权不同的无形产权。一旦所表述的产品或方法被市场淘汰，或者专利权被停止，权利要求就成为一件毫无经济价值的文献。

当然，对于了解和研究专利法和科学技术进程来说，权利要求则是极其有价值的参考资料。

综上所述，权利要求在专利法中具有重要位置。但是在实际实践中，权利要求是申请人在申请发明专利时，根据其发明创造的产品或方法撰写产生的。申请人希望在获得专利权后，权利要求所表述的产品或方法在专利的保护下能获得最大的经济效益。然而专利给予权利要求所述的产品或方法的权利只是在限定时间内的排他权（中国发明专利的期限是20年），仅此而已。至于专利权人是否能获得最大的经济效益，则完全取决于该权利要求所表述的产品或方法是否是市场需求且具有长远前景的发明创造。专利权人广而告知其产品或方法具有专利权的作用只是提醒人们避免侵权。试图利用权利要求在专利法中的重要性来获得其他权利都是违背专利法的立法原则的。

当然，对于市场需求具有长远前景从而获得巨额财富的发明创造来说，限定时间内的排他权所起的作用则是无法估量的。这也就是专利能够使人们不断进行发明创造的魅力。

因此，正确研究和掌控专利赋于权利要求的权利，就能使专利制度在繁荣市场经济和促进科学技术发展中发挥积极的作用。

四、权利要求的重要性（二）

前面“权利要求的重要性（一）”，说明了权利要求在专利法中的重要性。但是在实际生活中，权利要求对专利权人更加重要，因为权利要求直接关系到专利权人的权利。

通常，人们认为权利要求表述了所要求保护的权利，只要获得专利权，所要求保护的权利就能得到保障。因此，在撰写权利要求时往往考虑的是如何满足法律规定的撰写格式，以便能顺利地通过审查获得专利权，从而忽略了撰写的权利要求中会存在损害所要求保护的权利的问题，甚至会存在使花费了人力、物力、财力和时间的创造发明付之东流的错误。

为此，笔者将通过案例来说明权利要求对专利权人的重要性。

在侵权诉讼中，一件电路装置案的权利要求中将申请案附图里的一个并联电容写成串联电容，而所提交的侵权装置则和附图的结构相同。尽管人们认为可能是笔误，但是如何解决却存在不同的论点。一种论点认为应该以附图为依据对权利要求进行修改；另一种论点则认为侵权判断的依据是权利要求，权利要求是以说明书为依据撰写的，附图是说明书的一部分，是用于辅助人们理解申请案中所表述的内容，当文字的描述清楚时，也可以不提供附图，所以附图不能作为修改权利要求的依据，因此不允许进行修改。同时该论点还指出，一旦市场上出现和权利要求相同的产品时，该权利要求又该如何解释？持上述两种论点的人进行了大量的辩论，最终法院判决不侵权。

更有甚者是在某一防伪方法案中，获得专利权的权利要求是用实现方法步骤的技术方案表述的一种防伪方法，但提供的侵权客体却是和该申请案附图相同的防伪装置，显然最终以不构成侵权结案。

其实，在上述两案权利要求中存在的错误在申请之前，通过作图法是完全可以及早发现并得到修正的。所说的作图法是按照撰写好的权利要求的文字表述绘制成图，然后将所绘制的图与附图进行对比，检查它们之间是否存在差异。

有人认为不允许对权利要求中的错误进行修改是因为中国专利法中没有规定更正证明程序。

其实不然。美国联邦最高法院 1926 年在 *Esses* 案判决中指出，审理专利侵权案件的法院可以在对权利要求作出合理解释时更正权利要求中的明显错误，特别是“只有在（1）这种更正不涉及有关权利要求语言和说明书的合理辩论，并且（2）申请文件中没有表明对该权利要求还存在其他解释的情况下，地区法院才可以对该权利要求进行更正”。之后，美国立法中增加了专利局的更正证明程序。例如 *Hoffer* 案中权利要求的错误就是由地区法院更正的。在该案中，授权的权利要求 22 所从属的权利要求 38 在审查过程中几经修改已不存在。这个错误是因为审查员在进行专利印刷时忘记调整引用关系造成的。美国联邦巡回上诉法院认为权利要求 22 的引用关系错误是明显的，从申请文件中可以清楚知道权利要求 22 应该从属的权利要求是哪一项，而且该错误也不存在合理的争议，所以法院可以对该错误进行更正。

但是对于 *Novo* 案的处理却与之相反。在美国的专利申请中，一项权利要求中第一次提及某个技术特征时，这个词的前面应该使用不定冠词“a”，在这之后每次提到这个特征时就称其为“said”特征或者称“the”特征。

Novo 的专利是关于一种支撑装置，其权利要求在审查过程中几经修改后获得专利权。然而在侵权诉讼中发现该权利要求中出现申请案中未出现的特征“a rotatable with”。虽然当事人双方都认为该权利要求有错误，但对于是否可以更正错误却存在分歧，而且对此错误的修改还引出了四种方案，进而对如何正确解释该权利要求进行了大量的辩论。最终由于无法确认“什么样的更正才是妥当的”，并且也无法确认“应该如何解释该权利要求”，美国联邦巡回上诉法院认定该项权利要求无效。

所以，即使法律规定了更正证明程序也并非权利要求中的任何错误都可以得到改正。

从上述案例中不难看出，权利要求中似乎是明显的笔误也会演变成影响专利有效性的致命错误，致使专利权人的权利化为泡影。

在上述防伪方法案中，申请人之所以将产品发明撰写成方法权利要求，是因为申请人误认为方法权利要求保护的范围更宽。实际上在撰写权利要求时，申请人考虑最大保护范围是正确的，也是必要的。但是首先必须清楚什么样的表述才能获得最大合理的保护范围。

1870 年美国专利法规定保护范围的周边应当由申请人撰写权利要求时给予限定。1952 年美国专利法第 112（f）条规定了“功能＋装置”的权利要求；1970 年签订的《专利合作条约》规定的权利要求是由说明书所公开多个实施方式概括形成的含功能性特征的权利要求。上述规定可以说明，在说明书公开的实施例和等同方案的支持下，允许权利要求采用上位概念，即功能性技术特征表述，而不是用下位概念，即具体技术特征来表述。

众所周知，一项权利要求所包含的技术特征越多，其范围越窄；权利要求所包含的技术特征越少，其范围就越宽。所以，将权利要求保护范围局限于说明书所公开的具体实施例，也就是采用下位概念技术特征表述时，申请人最终能获得的经济价值就非常有限。例如，“一种便携式牙刷，……，其特征在于，a. ……，b. ……，c. 盒体中有一个挤压牙膏软袋的装置。”就比“一种便携式牙刷，……，其特征在于，a. ……，b. ……，c. 盒体底部开有一个孔，置于牙膏软袋下方的一压板上有凸块，该凸块从所述的孔中伸出。”所表述的保护范围宽。

但是，申请人有时只记得用功能性限定技术特征表述的权利要求可以获得宽的保护范围，却忽略了权利要求应当以说明书为依据的规定，因此在说明书中只公开一个实施例的情况下就撰写出含功能性技术特征的权利要求，结果由于权利要求得不到说明书的支持而被驳回。这种情况其实早在1853年美国著名的 *Samuel Morse* 案中就出现了。Morse发明了电报，但在权利要求中却广泛地要求保护“采用电流作为动力，将其称为电磁，由于在任何距离产生或者打印出可辨认的文字、信件或者标志……”，结果，美国联邦最高法院认为Morse的权利要求的范围过于宽泛而判为无效。所以，只有在说明书中最少公开两个实施例的情况下，才能概括形成含功能性特征的权利要求。不过，有时说明书公开了多个实施例，但是由于权利要求中的功能性技术特征和该权利要求中的其他技术特征之间存在相应的关系，例如，尺寸、材料或者配置等的相依关系，说明书中对这些参数没有说明，本领域技术人员也无法得知，那么功能性权利要求也得不到说明书的支持。

还有一种需要注意的问题就是，申请人误认为发明的小部件组合在大装置中可以获得大的保护范围。例如，一种对现有发动机作出改进的发明在申请专利时，申请人将权利要求撰写成“一种汽车，由……组成，其特征在于，a. ……、b. ……和 c. 具有……发动机。”结果由于权利要求使该发动机限定在汽车的技术领域，因此当专利权人发现该发动机被用于其他技术领域而提起侵权诉讼时，显然他的权利肯定会受到极大的损害。

另外，为了避免含功能性权利要求由于现有技术中存在由下位概念构成的、同样发明的技术方案而丧失新颖性，申请人应当将说明书中支持该功能性权利要求的所有实施例撰写成从属权利要求，以保证该功能性权利要求被驳回时不会影响申请人的基本权利。

综上所述，权利要求与申请人有着不可分割的利害关系，这说明了权利要求对申请人的重要性。同时，也说明一项既是市场需求又具有长远前景的发明创造能否获得最大保护范围的专利权，取决于申请人是否能撰写出高质量的权利要求。因此，为了避免上述电路装置案的权利要求中由于文字表述与附图不一致的错误，为了避免像 Morse 所发明的是市场需求且具有长远前景的电报，但由于权利要求撰写得过于宽泛而被判为无效的情况，申请人在撰写权利要求时应当精准地表述所要求保护的客体，同时还应当以说明书为依据明确表述所要求保护的最大范围。

总之，权利要求的客体由发明的产品或方法所确定；权利要求的保护范围由撰写的技术方案所限定；权利要求的经济价值由发明是否是市场需求且具有长远前景所决定。由此可见，权利要求完全由申请人所掌控，所以授权后的权利要求则是专利权人通过创造发明获得的，是属于他私人财富的知识产权的具体法律凭证。

五、解读“功能性权利要求”

功能性权利要求，是指其中对现有技术作出贡献的技术特征是由功能性技术特征限定的权利要求，是申请人对要求保护范围的周边给予限定的技术方案，是周边限定论体制的标志。1952 年美国专利法第 112（f）条规定“用于权利要求组合的一个要素可以用实现所述功能的装置或方法表述，不需要详述支持它们的结构、材料或者动作……”，从而使美国专利的周边限定论体制得到完善。中国专利法中没有像美国专利法第 112（f）条那样的规定，因此有人认为中国专利法中不存在功能性权利要求。但是只要查阅一下中国发明专利申请文献，就能发现不同技术领域里，许多申请案中都有功能性权利要求，而且大多数也已经获得了专利权。显然中国专利法中存在功能性权利要求，其原因在于，中国专利法是直接将以功能性权利要求为标志的周边限定论作为法律体制，所以不需要像美国法律那样的明文规定就能确保功能性权利要求的形成。

当前，建立专利制度的国家实施的都是以功能性权利要求为标志的周边限定论体系。但是由于建立专利制度时的历史背景不同，因此出现了两种类型的周边限定论体系：一种是美国实施的周边限定论体系；另一种是中国根据《专利合作条约》（PCT）建立的周边限定论体系。[1] 由于两种体系不尽相同，所以标志它们的功能性权利要求就必然会存在许多不同之处。这种不同可以通过两种功能性权利要求形成的过程来说明。

（一）美国功能性权利要求的形成过程

美国专利法于 1790 年 4 月 10 日生效。美国采用的是案例法，即由美国联邦巡回上诉法院组成的合议庭作出的在先判决对于在后案件的审判来说，是具有约束力的在先判例。[2]

美国专利法规定，要求专利保护的发明创造应当提交由发明的技术背景和最佳实施例组成的说明书。该规定使公众能够了解到以往秘而不宣的技术，即称为首创型发明的技术的来龙去脉和实现的方法。但是由于科学技术的迅速发展，首创型发明被对现有技术改进的发明，即改进型发明所代替。因此在 1813 年 10 月，美国法院针对制造羊毛梳毛机改进发明所授权的专利进行再审时，指出“该专利说明书中记载的是羊毛梳毛机的整体装置，而实际上该发明仅仅是有关梳毛机中某个部分的改进，可是该说明书的记载却过分广泛，并未记载有关该改进部分的内容，因此授权的专利明显是针对羊毛梳毛机整体的，所以授权的专利应当无效”。1817 年，美国法院通过对该案例的再审判决给出了“说明书应当将新的东西和旧的东

---

[1] PCT 是 1970 年 6 月 19 日，在华盛顿由包括美国在内的十多个国家的专家共同签订的。

[2] CAFC 的合议庭是由三名法官组成。CAFC 只有在全体法官（一般是 12 名法官）出席的审判中才可以改法或者推翻现存的在先判例。美国联邦最高法院的判决对 CAFC 具有约束力。

西进行区别说明，这样才能够知道针对什么给予专利权”的更加严格的意见。1818 年，美国法院在 *Evans v. Eaton* 案的判决中指出“对于机械的改进要求专利保护时应当有义务将改进之所在表示出来”。当该案件于 1822 年上诉到美国联邦最高法院时，法院对有关新旧技术区别的条件给出了更严格、更明确的说明，这就是“说明书有两个目的：第一，使人知悉机械的构造方式，以便该行业者能够制作和使用该机械，从而将发明的利益带给公众；第二，使公众知道所要求保护的发明是什么，说明书应当将发明与公知事物作区别。对于改进发明的说明书，只要将改进了何处、其构成为何、发明所涵盖的范围为何，均加以说明便已足够。但是若将新旧事物混合在一起，仅说明装置的整体，而并未说明属于发明改进的性质与界限的话，便不够充分。”

但是，根据说明书公开的内容，在侵权判断时，法官或者公众对所要求保护范围的结论和申请人的要求往往并不相同，有时相差甚远。1807 年 11 月 20 日，申请人詹宁斯首次在专利申请中使用了“权利要求”一词，但是由于所记载的内容不是发明的技术手段，因此未被采纳。1811 年 1 月 9 日，申请人富尔顿在他的汽船发明专利申请说明书的最后记载了“我的权利要求是在小船底部安装的机座上设置发动机和机器，该机座必须是长形的、通气的和有强度的，以便承受机器的重量和发动机的运行，并且为了不损坏船，该机座必须分配在船的相当大的表面上”。此后，申请人都照此方式在说明书最后撰写要求保护的权利要求。1836 年，美国专利法明确规定“完整的说明书应当以明确记载所要求保护的发明为终结”，从而在说明书中形成了必须明示所要求保护客体的权利要求。由此权利要求成为说明书中不可缺少的关键部分。

此时的权利要求是以最佳实施例为依据，保护范围被公认为是以该权利要求为中心向外扩张，由此形成了以最佳实施例为依据撰写的权利要求作为标志的“中心限定论”体制。

保护范围如何能够合理地，以所述权利要求为中心向外扩张就成为中心限定论实施过程中亟待解决的问题。

1870年，美国专利法对权利要求的撰写重新作出了规定，即“申请人应当将认为是自己的发明或者发现之制品、改良或组合予以具体的指出、明了的请求”。这样的规定就将要求保护范围的责任转移给了申请人，结果使权利要求保护的范围从“中心限定论”转换为学说上认为的“周边限定论”。同时，对美国专利法实施细则第1.75（e）条中规定的由“（1）前序，包含要求组合的所有惯用的或已知的构件或步骤的一般说明，（2）短语和（3）构成要求组合的、申请人认为是新的或改良的部分的那些构件、步骤和/或相互关系”组成的权利要求中，所说的短语作了如下规定：当短语是用“包含”（comprising）或“包括”（including）或“含有”（containing）或“特征在于……”（characterised）作为连接词撰写成权利要求时，该权利要求被称为“开放式权利要求”，表示要求保护的范围除构成该权利要求的全部技术特征之外还有其他附加的技术特征；当短语是用“由……组成”（consisting of）或者“由……构成”（composed of）作为连接词撰写成权利要求时，该权利要求被称为“封闭式权利要求”，表示要求保护的范围仅限于该权利要求所表述的技术特征，不再有其他附加的技术特征。[1]

采用上述规定的短语撰写权利要求来表明所要求保护范围的宽或窄，也就彻底改变了“中心限定论”对保护范围是以最佳实施例撰写的权利要求为中心向外扩张的规定。

1946年，美国联邦最高法院在 *Halliburton Oil Well Cementing Co. v. Walker* 案的判决中禁止以功能性描述的方式对权利要求的新

---

[1] 美国权利要求撰写方式中规定的短语是美国专利法由中心限定论转变到学说上的周边限定论表述的一个必要部分，用以表示权利要求范围的宽和窄，而且一直被沿用。中国只受理中文的申请文件，在审查与侵权时都是以中文撰写的权利要求为依据，所以中国专利申请文件中权利要求的撰写方式与这些短语无关。

颖性部分进行记载。1952 年，美国议会通过立法的方式以美国专利法第 112（e）条的规定推翻了 *Halliburton* 案禁令，并且在 1952 年规定了美国专利法第 112（f）条：

“用于权利要求组合的一个要素可以用实现所述功能的装置或步骤表述，不需要详述支持它们的结构、材料或者动作，并且该权利要求应当被解释为覆盖了说明书中所说明的相应结构、材料或者动作以及其等同物”。

美国专利法第 112（f）条的规定，终于使美国专利法在 1870 年创建的学说上的中心限定论体制转变成为之后实施的周边限定论体制，标志周边限定论体制的功能性权利要求得以形成。

（二）中国功能性权利要求的形成过程

中国《专利法》于 1985 年 4 月 1 日生效，采用依法判案的实质审查制。中国专利法规定申请专利保护时应当提交说明书和权利要求书。说明书应当由现有技术和实施方式组成。该规定使说明书中的实施方式不再限于最佳实施例，从而使申请人可以通过两个或者两个以上的实施方式来说明所要求保护范围周边的情况。权利要求书应当由独立权利要求和从属权利要求组成。权利要求应当以说明书为依据概括形成。

众所周知，概括的含义是归纳、总括。所以中国专利法中规定权利要求以说明书进行概括包括两个方面：一方面将说明书中详细描述如何构成、如何运行、如何使用和效果如何的每一个实施方式，概括形成仅由构成发明所必要的技术特征组成的权利要求；另一方面将形成的多个权利要求中对现有技术作出贡献的、结构不同但功能相同的相应技术特征，概括形成功能性限定的技术特征，从而形成中国专利法中标志周边限定论体制的功能性权利要求。

（三）功能性权利要求的对比更完整些

由上所述，可以从以下三个方面看出两种功能性权利要求之间存在的主要区别。

1. 从立法的角度看

美国专利权利要求的发展历程反映了从历史上的中心限定论体制转移到目前的周边限定论体制的过程。整个过程是通过法律规定和案例的指导形成的。开始是为了解决保护范围以权利要求为中心向外扩张的中心限定论所存在的问题，法律规定了要求保护的范围应当由申请人说明，从而形成学说上的周边限定论；之后经过将近一个世纪的实践，最终由法律规定形成了标志周边限定论体制的功能性权利要求。

中国专利法是将以功能性权利要求为标志的周边限定论作为体制建立的，功能性权利要求就是以说明书为依据概括直接形成的。

2. 从撰写方式看

美国的功能性权利要求是由前序、短语和有关发明的技术特征组成的，其中短语必须按法律规定的用词撰写，以表示出权利要求的宽或窄，而其中功能性技术特征的表述则是按 1994 年美国联邦巡回上诉法院对 *Donaldson* 案例判决中给出的功能性用语撰写。

中国的功能性权利要求是由前序、连接用语和有关发明的技术特征组成的，其中连接用语“其特征在于”只是使前序和有关发明的技术特征连接，以起到新旧技术划界的作用。权利要求中的功能性技术特征则是由说明书公开的实施方式概括形成。

3. 从审查过程看

美国实施的是案例法，即在审查时应当按照给出的案例作出判决，即使先前的案例存在问题甚至错误（曾经对永动机案作出错误的判决），也必须由之后的案例纠正，而且由于受中心限定论的影响，审查功能性权利要求时往往习惯从现有技术着手进行判断。因此，1994 年通过 *Donaldson* 案明确地指出“40 多年来对于功能性权利要求的审查，过多地考虑现有技术是不恰当的”，同时指出“审查员可以给出装置加功能语言的‘最宽且合理的解释’是法律规定在美国专利法第 112（f）条中的说明”。

中国实施的是实质审查制，即功能性权利要求是否成立完全取决于能否从说明书中概括形成：当说明书中仅公开一个实施方式时，功能性权利要求是无法概括形成的；同样，当说明书公开了多个实施方式，但是由于权利要求中所含的功能性技术特征与该权利要求其他技术特征之间存在相应的关系，例如尺寸、材料和/或配置等相互依赖的关系，而说明书对这些参数并未给出说明，并且所属技术领域的技术人员也无法得知时，功能性权利要求的概括也是不能成立。

所以，从审查过程中可以明确美国是“依法官判定案例，用案例指导审查”；而中国则是“用法律解析案例，依法律进行审查”。

由于审查过程完全不同，因此，美国只是 PCT 授权的国际检索单位的国家局，而中国却是 PCT 授权的国际检索单位和国际初审单位的国家局。

综上所述可知，两种标志周边限定论体制的功能性权利要求确实存在相当大的差别。但是仔细研究两个国家专利法中的有关规定，却可以发现这两种功能性权利要求之间共同具有一个无法否认的、实质性的属性，就是它们都是以说明书为依据。

针对已知的功能性技术特征，人们都知道应当覆盖所有能实施该功能的装置、材料或步骤。因此，有人认为功能性权利要求中的功能性技术特征也是如此。于是当功能性权利要求遇到在先申请或现有技术中，存在由能够实施该功能性权利要求中所说功能的具体装置、材料或步骤的技术特征组成的同样发明时，就应当像处理数字范围发明的权利要求在遇到这种情况时，将重叠的数字“放弃”（disclaimer）的方法❶那样，将所述的具体装置、材料或步骤从所述功能权利要求中排除，从而使功能性权利要求得以保留。❷ 结果按此方法处理功能性权利要求，不仅要在权利要求中引入不容许的否定性用语，更严重的是颠覆了“一发明一专利”的在先申请制，以及专利保护发明构思的“下位概念损害上位概念新颖性”的立法原则。

产生上述错误的原因，除了由于公知功能性技术特征的概念和对数字范围发明的误解之外，关键在于忽视了专利法对功能性权利要求的界定。

---

❶ 数字范围是由一系列连续而又独立的数字组成。数字范围中的每个数字都是可以单独表示的，但是想用这些单独的数字来表述一个数字范围却是众所周知无法实现的事实。因此，现实生活中都采用数字范围的两个端点之间加一横线来表示所述的数字范围，例如，“1—100”就代表了 1 至 100 的数字范围。这种表述方法覆盖了数字范围两个端点之间的全部数字。

当发明创造涉及数字范围时，也就是说权利要求中对现有技术作出贡献的技术特征是数字范围时，如果在先申请中或者现有技术中存在的数字范围和所要求保护的权利要求的数字范围有重叠，那么依法规定该权利要求就丧失新颖性。但是由于数字范围中的数字是连续而又独立的，因此，根据《专利审查指南（2010）》第二部分第八章 5.2.2.1 对权利要求书的修改中规定的，当要求保护的权利要求排除了所述重叠数字范围后在具有新颖性和创造性的前提下可以采用“放弃”（disclaimer）将重叠的数字从所述权利要求之中排除。

这种放弃并不是用否定的语言表述，而是采用熟悉的数学方式表示。例如，所要求保护的权利要求中的数字范围是 240—1150，而同样发明的现有技术中的数字范围是 980—1500，如果符合上述规定，就允许将重叠的数字范围从要求保护的权利要求的数字范围中放弃，即将 980—1150 从要求保护的权利要求的数字范围中排除。但是由于排除后的数字范围的一个端点不能用重叠的 980 表述，因此采用了人们惯用的表示方法，即用 X＜980 来表示这个和 980 相联系却又无法明示的具体数字。因此，要求保护的权利要求中的数字范围就可以改写成为 240—X＜980。如此处理数字范围发明的权利要求完全是由于数字范围覆盖了该范围中的所有数字，而这些数字又是能够单独表示的，其中每一个数字都可以构成一项独立的权利要求。因此，一个由数字范围组成的权利要求实际上是涵盖了所述数字范围中每个数字构成的独立权利要求，所以这样的放弃绝对不是将所述的重叠数字从所述权利要求中排除，而是将该重叠数字使所要求保护的权利要求中丧失新颖性的那些独立权利要求排除。简要地说，“放弃”在专利法中表示的是申请人对权利要求的放弃，而不是对技术特征的放弃。

❷ 朱理．专利文件修改基本问题研究：原理、标准与规则［J］．中国专利与商标，2015（2）：10-23.

美国专利法第 112（f）条对功能性权利要求的规定指出："该权利要求应当被理解为覆盖了说明书中所说明的相应结构、材料或者动作以及其等同物"，并且在审查中，如果申请人要求按照功能性权利要求的字面含义将功能性技术特征解释为"包括整个宇宙中能够实现该功能的任何可能结构"的话，就可以认为是不符合美国专利法第 112（b）条有关清楚的规定。

中国专利法中规定功能性权利要求是由说明书概括形成。同时，中国最高人民法院对功能性权利要求的司法解释明确规定："对于权利要求中以功能或者效果表述的技术特征，人民法院应当结合说明书和附图描述的该功能或者效果的具体实施方式，及其等同的实施方式，确定该技术特征的内容。"由此说明功能性权利要求只能是以说明书公开的内容为依据。

另外，从两种功能性权利要求的撰写方式中也能看出功能性权利要求中的功能性技术特征不是公知的功能性技术特征：美国通过案例指出"功能性限定的技术特征是对权利要求中新颖性部分的记载"；中国通过撰写方式表明"功能性限定的技术特征是与发明有关的技术特征"。显然功能性权利要求中的功能性技术特征是对现有技术作出贡献的技术特征。所以"贡献"对发明创造而言应当体现的是创新，也就是说，在这之前从未在所规定的情况中出现过的，是人们无法得知的。

将处理数字范围发明的方法用于功能性权利要求中所导致的错误在于，对它们之间存在的实质性差别缺乏了解：首先数字范围发明的权利要求不是功能性权利要求，所以这两种权利要求之间不存在相应之处。其次，数字范围发明的权利要求中，数字范围对现有技术的贡献是在于数字范围本身，表明的是具体范围的实体；而功能性权利要求中的功能性技术特征对现有技术的贡献，则是起到限定所要求保护范围周边的作用，表明的是保护范围的状况。最后，更重要的是，数字范围覆盖了该范围中的所有数字，而功能性权利要求中的功能性技术特征只覆盖说明书公开的实施方式，并不覆盖所有能够实现所述功能的实施方式。所以将数字范围发明的权利要求和功能性权利要求并论则是无稽之谈。

当然，众所周知，获得专利权的功能性权利要求应当覆盖所有能够实现所述功能的实施方式。这是因为授权后的功能性权利要求已通过审查，该功能性权利要求所要求保护的客体被判定是具备新颖性、创造性和实用性的，并且其发明构思是鲜为人知的。因此，任何人利用宇宙中能够实现所述功能的任何装置、材料或者动作，根据所述功能性权利要求的构思获得的同样客体都构成侵权。

通过上述说明和分析可以得知，标志美国专利法周边限定论体制的功能性权利要求和标志中国专利法周边限定论体制的功能性权利要求虽然存在许多不同之处，但是，不可否认它们确实具有共同的实质性的重要特性，这就是“授权前的功能性权利要求覆盖了说明书中所述的所有能够实现所述功能的实施方式，是以申请日提交的说明书为依据；授权后的功能性权利要求覆盖了所有能够实现所述功能的实施方式，是以侵权日提交的侵权物为依据”。

因此，在研究、判断和处理美国的功能性权利要求和中国的功能性权利要求时，不仅应当清楚它们之间的差异，而且还应当牢牢掌握它们之间共同具有的特性才能得到正确的结论。

主要参考资料

[1] 国家知识产权局. PCT法律文件汇编（2009）[M]. 北京：知识产权出版社，2010.

[2] 国家知识产权司条法司. 新专利法详解 [M]. 北京：知识产权出版社，2001.

[3] 中国科学技术情报所专利馆. 国外专利法介绍 [M]. 北京：中国科学技术情报所专利馆，1980.

[4] 陈鸣，袁德. 中国专利教程·专利代理 [M]. 北京：专利文献出版社，1994.

[5] 沈尧曾，吴观乐，杨正午，等. 专利申请文件撰写案例剖析 [M]. 北京：专利文献出版社，1990.

[6] 黄文儀. 申请专利范围的解释与专利侵害判断 [M]. 台北：三民书局，1994.

[7] 欧洲专利局. 欧洲专利律师资格考试资料汇编（1993）[M]. 马连元，张蕙，译. 北京：专利文献出版社，1994.

[8] 黄敏. 专利申请文件的撰写与审查要点（修订版）[M]. 北京：专利文献出版社，1997.

[9] 黄敏. 专利申请文件的撰写与审查要点（修订版）[M]. 北京：专利文献出版社，2008.

[10] [美] J. M. 穆勒. 美国专利法 [M]. 沈超，李华，吴晓辉，等译. 3版. 北京：知识产权出版社，2013.